特高压工程环境保护和水土保持工艺指南

国家电网有限公司特高压建设分公司 编

中国电力出版社
CHINA ELECTRIC POWER PRESS

内 容 提 要

本书系统阐述了特高压工程在大气环境、水环境、声环境、固体废物、电磁环境、生态保护6类环境因素的环境保护设施和措施，以及表土保护、拦渣、临时防护、边坡防护、截排水、土地整治、防风固沙、降水蓄渗、植被恢复9类水土保持设施和措施，全面介绍了相关设施和措施的适用范围、工艺标准和施工要点。

本书在总结特高压工程建设管理实践经验的基础上，分析特高压工程环境保护和水土保持的影响因素，梳理出特高压工程采取的环境保护和水土保持的24项设施和37项措施，系统阐述了其适用范围、工艺标准和施工要点。

本书可供从事特高压工程建设环境保护与水土保持工作的技术和管理人员使用。

图书在版编目（CIP）数据

特高压工程环境保护和水土保持工艺指南 / 国家电网有限公司特高压建设分公司编. —北京：中国电力出版社，2021.12
ISBN 978-7-5198-6271-8

Ⅰ．①特… Ⅱ．①国… Ⅲ．①特高压电网–电力工程–水土保持–研究–中国②特高压电网–电力工程–环境保护–研究–中国 Ⅳ．①TM727

中国版本图书馆 CIP 数据核字（2021）第 249409 号

出版发行：中国电力出版社
地　　址：北京市东城区北京站西街 19 号（邮政编码 100005）
网　　址：http://www.cepp.sgcc.com.cn
责任编辑：闫姣姣
责任校对：黄　蓓　常燕昆
装帧设计：郝晓燕
责任印制：石　雷
印　　刷：北京博海升彩色印刷有限公司
版　　次：2021 年 12 月第一版
印　　次：2021 年 12 月北京第一次印刷
开　　本：710 毫米×1000 毫米　16 开本
印　　张：7.75
字　　数：106 千字
印　　数：0001—1000 册
定　　价：65.00 元

编写组成员

主　编　安建强

副主编　宋继明　　张亚鹏

成　员　张　智　　杨怀伟　　于占辉　　郑春雨

　　　　熊织明　　李媛媛　　耿绍波　　吴　凯

　　　　宋洪磊　　姜　超　　王关翼　　吴昊亭

　　　　韩雪飞　　彭　旺　　李国满　　陈环宇

　　　　周振洲　　刘建楠　　谢百成　　高利琼

　　　　寻　凯　　张玉良　　杨　山　　刘搏晗

　　　　王明环　　王德彬　　赵　倩　　李　璇

　　　　魏金祥　　郑树海　　周之皓　　张崇涛

　　　　娄　赟　　陈世利

前　言

　　我国能源资源与生产力呈逆向分布，能源资源总体分布规律是西多东少、北多南少。煤炭资源 90% 的储量分布在秦岭—淮河以北地区；石油、天然气资源集中在东北、华北和西北地区，共占全国探明储量的 86%；水力资源主要分布在西南地区，其中四川及云南两省可开发量占全国总量的 41%。用能中心位于中东部地区，"三华"（华北、华东、华中）地区全社会用电量占全国的 61%。而大型能源基地与中东部经济发达地区之间的距离达到 1000km～4000km，特高压电网是提高电网大范围优化配置资源能力的首要途径。

　　习近平总书记强调，要加大力度规划建设以大型风光电基地为基础、以其周边清洁高效先进节能的煤电为支撑、以稳定安全可靠的特高压输变电线路为载体的新能源供给消纳体系。随着"碳达峰、碳中和"进程加快推进，能源生产加速清洁化、能源消费高度电气化、能源配置日趋平台化、能源利用日益高效化，以特高压为骨干网架的坚强智能电网在新型电力系统中的枢纽平台作用将进一步凸显。

　　特高压工程具有建设规模大、输电距离长等特点，工程建设不可避免地产生植被破坏、水土流失等环境影响。为深入贯彻习近平生态文明思想，践行"绿水青山就是金山银山"理念，推进特高压工程"绿色化"建设，编写组系统总结十余年特高压工程环境保护和水土保持实践经验，编写了本书。

　　本书从工程环境保护和水土保持两个专业，全面介绍了 24 项设施和 37 项措施的适用范围、工艺标准和施工要点。这些标准工艺适用于特高压交流、直流工程建设，也可为其他输变电工程建设提供借鉴指导。

由于编写时间和经验有限，书中难免存在疏漏和不足之处，敬请广大读者批评指正。

编者

2021 年 12 月

目　录

第❶章
概　　述

1.1　特高压工程现状及发展前景

　　国家能源局发布的 2021 年全社会用电量数据显示，2021 年全社会用电量
83 128 亿 kWh，同比增长 10.3%。中国电力企业联合会《电力行业"十四五"
发展规划研究》显示，预期 2025 年，全社会用电量 9.5 万亿 kWh，"十四五"
期间年均增速 5%。我国电力需求持续增长，未来增长空间仍然较大，迫切需要
加快输变电工程的建设步伐。

　　我国能源资源与用能中心呈逆向分布。能源资源总体分布规律是西多东少、
北多南少，而目前我国的主要用能中心位于中东部地区，大型能源基地与中东
部经济发达地区之间超长距离的电力输送，需要用特高压输电技术满足大容量、
远距离的输电要求，实现能源大范围、大规模优化配置。以特高压工程为骨干
网架的新型电力系统构建，更能保障国家能源安全和电力可靠供应。

　　发展特高压电网，有利于促进水电、风电等清洁能源跨区外送，可以推动
清洁能源的高效利用及国家清洁能源开发目标实现。特高压工程为破解我国能
源电力发展的深层次矛盾，尤其是在碳达峰、碳中和的大背景下，特高压工程
已成为中国"西电东送、北电南供、水火互济、风光互补"的能源运输"主动
脉"，是构建以新能源为主体的新型电力系统的有力支撑，实现了能源从就地平

衡到大范围配置的根本性转变，有力推动了清洁低碳转型，促进全国环境质量提升。

截至 2021 年 12 月底，我国已建成特高压交直流输电工程共计 35 项；其中交流工程路径长度 1.532 7 万 km，变电容量 1.590 0 亿 kVA；直流工程路径长度 3.123 4 万 km，容量 1.426 0 亿 kW。根据国家电网有限公司电网规划，"十四五"规划建成 7 回特高压直流，新增输电能力 5600 万 kW。在送端，完善西北、东北主网架结构，加快构建川渝特高压交流主网架，支撑跨区直流安全高效运行。在受端，扩展和完善华北、华东特高压交流网架，加快建设华中特高压骨干网架。到 2025 年，国家电网有限公司经营跨省跨区输电能力约 3.0 亿 kW，2030 年约 3.5 亿 kW，输送清洁能源占比达到 50% 以上，特高压电网将继续在跨省跨区输送清洁能源中发挥关键作用。

1.2　特高压工程的主要环境影响

特高压工程由于具有线路路径长、点多面广、沿线自然环境及植被与地形条件复杂多变、生态环境及区域人文环境各有特色等特点，建设过程会造成对环境的破坏、地表的扰动、植被的损毁、产生水土流失等问题，而其运行过程中亦会产生不同程度的噪声及电磁环境影响。

特高压工程在输电线路和变电（换流）站的建设过程中永久占地和临时占地会对占地范围内的地表造成不同程度的扰动、对植被产生不同程度的损毁、对生态脆弱区域产生较大的损害，造成一定程度的生态影响和水土流失。输电线路和变电（换流）站在施工过程中会产生扬尘、施工废水和生活污水、生活垃圾和建筑垃圾等，均可能对环境产生一定的影响。

特高压工程运行期在传输电能的同时，对其周围局部空间会产生电场和磁场，造成一定的电磁环境影响；变电（换流）站在运行过程中其变压器（换流变压器）、电抗器等电气设备运行会产生噪声，变电（换流）站运行人员会产生生活污水和生活垃圾；事故状态下变电（换流）站变压器（换流变压器）、电抗器等含油设备可能产生含油污水；输电线路导线、金具等带电设备因电晕放电会产生噪声。

当前，特高压工程尚无统一的环境保护（简称环保）和水土保持（简称水保）标准工艺，环境保护和水土保持（简称环水保）措施（设施）的落实在一定程度上存在"无法可依"的情况，具体实施过程中常常出现措施（设施）使用条件不清晰、应用情况不合理，措施（设施）施工顺序错误、操作不当等问题，导致措施（设施）无法有效发挥环保和水保作用。

1.3 特高压工程的主要环境保护和水土保持措施

为降低特高压工程建设和运行对大气环境、水环境、声环境、生态环境、电磁环境产生的负面影响，确保工程建设和运行满足相关环境保护和水土保持标准要求，需采取相应的环保和水保措施。

特高压工程采取的主要环境保护和水土保持措施（设施）如下：

（1）环保措施（设施）。

大气环境：包括洒水抑尘、雾炮机抑尘、密目网苫盖抑尘、施工车辆清洗、全封闭车辆运输。

水环境：包括泥浆沉淀池、临时水冲式厕所、临时化粪池、移动式生活污水处理装置、隔油池、变电（换流）站生活污水处理装置、事故油池。

声环境：包括施工噪声控制、低噪声设备、隔声罩、加高围墙、声屏障、吸音墙。

固体废物：包括永临结合工程措施、建筑垃圾运输、包装物回收与利用、施工场地垃圾箱、变电（换流）站垃圾箱。

电磁环境：包括感应电预防、设备尖端放电预防、高压标识牌。

生态环境：包括施工限界、棕垫隔离、彩条布隔离与铺垫、钢板铺垫、孔洞盖板、人工鸟巢、迹地恢复。

（2）水保措施（设施）。

表土保护：包括表土剥离，表土回覆，表土铺垫保护，草皮剥离、养护及回铺。

拦渣措施：包括浆砌石挡渣墙、混凝土挡土墙。

临时防护：包括临时排水沟、填土编织袋（植生袋）拦挡、临时苫盖。

边坡防护：包括浆砌石护坡、植物骨架护坡、生态袋绿化边坡、植草砖护坡、客土喷播绿化护坡。

截排水措施：包括雨水排水管、浆砌石截排水沟、混凝土截排水沟、生态截排水沟。

土地整治：包括全面整地、局部整地。

防风固沙：包括工程固沙、植物固沙。

降水蓄渗：包括雨水蓄水池、生态砖、透水砖、碎石压盖。

植被恢复：包括造林（种草）整地、造林、种草。

1.4 环水保措施标准工艺概要

鉴于目前特高压工程环水保管理存在的问题，本书重点针对环水保措施的适用范围、工艺标准要求和施工关注要点进行了系统的阐述和说明。针对大气环境、水环境、声环境、固体废物、电磁环境、生态环境 6 类环境要素，确定了特高压工程建设环境保护措施 25 项、设施 8 项；针对表土保护、拦渣、临时防护、边坡防护、截排水、土地整治、防风固沙、降水蓄渗、植被恢复 9 类水土保持工程，确定了特高压工程建设水土保持措施 12 项、设施 16 项。

环境保护措施及设施分类、适用阶段和范围见表 1-1，水土保持措施及设施分类、适用阶段和范围见表 1-2。

表1-1　　　　环境保护措施及设施分类、适用阶段和范围

环境要素	措施	设施	适用阶段	适用范围
大气环境	洒水抑尘	—	施工期	变电（换流）站和输电线路大气环境保护
	雾炮机抑尘	—		
	密目网苫盖抑尘	—		
	施工车辆清洗	—		
	全封闭车辆运输	—		
水环境	泥浆沉淀池	—	施工期	变电（换流）站和输电线路水环境保护
	临时水冲式厕所	—		
	临时化粪池	—		
	移动式生活污水处理装置	—		
	—	隔油池	施工、运行期	变电（换流）站水环境保护
	—	生活污水处理装置		变电（换流）站水环境风险防控
	—	事故油池		
声环境	施工噪声控制	—	施工期	变电（换流）站声环境保护
	—	低噪声设备	施工、运行期	
	—	隔声罩		
	—	加高围墙		
	—	声屏障		
	—	吸音墙		
固体废物	永临结合工程措施	—	施工期	变电（换流）站和输电线路固体废物环境保护
	建筑垃圾清运	—		
	废料和包装物回收与利用	—		
	施工场地垃圾箱	—		
	变电（换流）站运行期垃圾箱	—	运行期	—
电磁环境	感应电预防	—	运行期	输电线路电磁环境保护
	设备尖端放电预防	—		
	高压标识牌	—	施工期	

续表

环境要素	措施	设施	适用阶段	适用范围
生态环境	施工限界	—	施工期	变电（换流）站和输电线路生态保护
	棕垫隔离	—		
	彩条布隔离与铺垫	—		
	钢板铺垫	—		
	孔洞盖板	—		
	人工鸟巢	—	运行期	
	迹地恢复	—		
合计	25	8	—	—

表1-2　　　　　　水土保持措施及设施分类、适用阶段和范围

单位工程	措施	设施	适用阶段	适用范围
表土保护	表土剥离	—	施工期	变电（换流）站和输电线路表土保护
	表土回覆	—		
	表土铺垫保护	—		
	草皮剥离、养护及回铺	—		
挡渣工程	—	浆砌石挡渣墙	施工期	山丘区塔基基础余土（渣）的防护
	—	混凝土挡渣墙		
临时防护	临时排水沟	—	施工期	变电（换流）站和输电线路临时堆土、堆料及裸露场地临时防护
	填土编织袋（植生袋）拦挡	—		
	临时苫盖	—		
边坡防护	—	浆砌石护坡	施工期	变电（换流）站和输电线路开挖边坡和回填边坡防护
	—	植物骨架护坡		
	—	生态袋绿化边坡		
	—	植草砖护坡		
	—	客土喷播绿化护坡		
截排水	—	雨水排水管线	施工期	变电（换流）站和输电线路坡面来水的拦截、疏导和场内汇水的排除
	—	浆砌石截排水沟		
	—	混凝土截排水沟		
	—	生态截排水沟		
土地整治	全面整地	—	施工期	变电（换流）站和输电线路土地整治
	局部整地	—		

续表

单位工程	措施	设施	适用阶段	适用范围
防风固沙	—	工程固沙	施工、运行期	变电（换流）站和输电线路扰动地表沙地治理
	—	植物固沙		
降水蓄渗	—	雨水蓄水池	施工、运行期	变电（换流）站区排水蓄水
	—	生态砖、透水砖		
	—	碎石覆盖		
植被恢复	造林（种草）整地	—	施工期	变电（换流）站和输电线路扰动地表的植被恢复
	造林	—		
	种草	—		
合计	12	16	—	—

第 **2** 章
环 境 保 护

特高压工程建设可能在大气环境、水环境、声环境、固体废物、电磁环境及生态环境等方面产生扬尘污染、水污染、噪声超标、垃圾污染、电磁场强超标、动物伤害和植被破坏等环境影响。本章围绕 6 方面环境要素对特高压工程环境保护措施（设施）的适用范围、标准工艺和施工要点进行阐述，共提出 33 项环保措施（设施），其中措施 25 项、设施 8 项。

2.1 大 气 环 境

特高压工程大气环境影响主要发生在施工期，主要是设备材料运输、施工土方开挖、堆土堆料作业等过程中产生的施工扬尘，采取的主要大气环境保护措施（设施）主要包括洒水抑尘、雾炮机抑尘、密目网苫盖抑尘、施工车辆清洗、全封闭车辆运输。采取措施后施工场界扬尘无组织排放应满足《大气污染物综合排放标准》GB 16297 或者地方排放标准限值的要求。

2.1.1 洒水抑尘

1. 适用范围

主要适用于施工道路和施工场地的各起尘作业点的扬尘污染防治。

2. 工艺标准

（1）施工现场应建立洒水抑尘制度，配备洒水车或其他洒水设备。

（2）每天宜分时段喷洒抑尘三次。

（3）每次抑尘洒水量通常按 $1L/m^2 \sim 2L/m^2$ 考虑。

3. 施工要点

（1）洒水抑尘应根据天气、扬尘及施工运输情况适当增加或减少喷洒次数。

（2）遇有 4 级以上大风或雾霾等重污染天气预警时，宜增加喷洒次数。

洒水抑尘如图 2-1 所示。

（a）   （b）

图 2-1 洒水抑尘

（a）洒水车抑尘；（b）塔吊喷淋

2.1.2 雾炮机抑尘

1. 适用范围

主要适用于材料装卸、土方开挖及回填阶段等固定点式作业过程的扬尘污染防治。

2. 工艺标准

（1）应选择风力强劲、射程高（远）、穿透性好的雾炮机，可以实现精量喷雾，雾粒细小，能快速抑尘，工作效率高。

（2）根据施工场地需抑尘的范围选择雾炮机的射程和数量。

（3）雾炮机可根据粉尘大小选择是单路或者双路喷水，起到节水功能。

3. 施工要点

（1）启动前，首先确认工具及其防护装置完好，螺栓紧固正常，无松脱，工具部分无裂纹、气路密封良好，气管应无老化、腐蚀，压力源处安全装置完好，风管连接处牢固。

（2）启动时，首先试运转。开动后应平稳无剧烈振动，工作状态正常，检查无误后再行工作。

（3）雾炮机维修后的试运转，应在有防护封闭区域内进行，并只允许短时间（小于 1min）高速试运转，任何时候切勿长时间高速空转。

雾炮机抑尘如图 2-2 所示。

图 2-2 雾炮机抑尘

2.1.3 密目网苫盖抑尘

1. 适用范围

主要适用于堆土堆料场等起尘物质堆放点及裸露地表区域的扬尘污染防治。

2. 工艺标准

（1）遮盖应根据当时起尘物质进行全覆盖，不留死角。

（2）密目网的目数不宜低于 2000 目。

（3）密目网应拼接严密、覆盖完整，采用搭接方式，长边搭接宜不少于 500mm，短边搭接宜不少于 100mm。

（4）坚持"先防护后施工"原则，及时控制施工过程中的扬尘污染和水土流失。

（5）苫盖应密闭，减少扬尘及水土流失可能性。

3. 施工要点

（1）密目网应成片铺设，为保证效果以及延长寿命，应尽量减少接缝，无法避免的接缝采用手工缝制。

（2）密目网应采用可靠固定方式进行固定，压实压牢，能够在一定时间段内起到良好的防风抑尘效果。

（3）密目网管理要明确专人负责，废弃、破损的密目网要及时回收入库，严禁现场填埋、现场焚烧和随意丢弃，避免造成二次污染。

密目网苫盖抑尘如图2-3所示。

（a）　　　　　　　　　　　　　（b）

图2-3　密目网苫盖抑尘

（a）基础施工抑尘措施；（b）组塔施工抑尘措施

2.1.4　施工车辆清洗

1. 适用范围

主要适用于施工材料和设备车辆的扬尘污染防治。

2. 工艺标准

（1）施工现场出入口处设置施工车辆清洗设施，出场时将车辆轮胎及底盘清理干净，不得将泥沙带出现场。

（2）在洗车槽附近设置高压水枪，对已经在洗车槽清洗后的车辆进行第二道清洗，重点对车轮胎缝隙处的泥土残留物进行清洗。

3. 施工要点

（1）车辆清洗设施处设置排水沟、沉淀池、集水井等，防止废水溢出施工场地。

（2）沉淀池应定期清掏。

施工车辆清洗如图 2-4 所示。

(a)　　　　　　　　　　　　(b)

图 2-4　施工车辆清洗
(a) 自动清洗；(b) 人工清洗

2.1.5　全封闭运输车辆

1. 适用范围

主要适用于建筑垃圾、砂石、渣土运输过程的扬尘污染防治。

2. 工艺标准

运输车应加装帆布顶棚平滑式装置，全覆盖后与货箱栏板高度持平，车厢尾部栏板加装反光放大号牌。

3. 施工要点

（1）建筑垃圾、砂石、渣土运输车辆上路行驶应严密封闭，不得出现撒漏现象。

（2）未加装帆布顶棚的运输车辆不予装载，严禁超限装载。

（3）按当地规定运输时段进行运输，确需夜间运输需按当地要求办理相关手续。

（4）运输车辆上路前需进行清洗除尘。

全封闭运输车辆如图2-5所示。

图2-5　全封闭运输车辆

2.2　水　环　境

特高压工程水环境影响主要发生在施工期和运行期，其中施工期主要施工机械清洗、场地冲洗、建材清洗和混凝土养护过程产生的废水，输电线路在基础施工是在开挖、钻孔等过程中，由于环境水体或者钻头冷却用水会形成泥浆水；同时施工人员产生一定量的生活污水；运行期变电（换流）站运行人员产生的生活污水；事故状态下变电（换流）站变压器（换流变压器）、电抗器等含油设备可能产生含油污水。采取的水环境保护措施（设施）主要包括泥浆沉淀池、临时水冲式厕所、临时化粪池、移动式生活污水处理装置、隔油池、生活污水处理装置、事故油池。采取措施后施工期废水尽可能回用不外排，确需排放的，应根据废水受纳情况满足《污水综合排放标准》GB 8978 或者地方排放标准等相应标准限值要求。

2.2.1 泥浆沉淀池

1. 适用范围

主要适用于变电（换流）站场地冲洗、建材冲洗、混凝土养护或灌注桩基础施工、钻头冷却产生的泥浆废水的处理处置。

2. 工艺标准

（1）灌注桩基础施工应设泥浆槽、沉淀池。

（2）泥浆池采用挖掘机开挖，四周按要求放坡。开挖应自上而下，逐层进行，严禁先挖坡脚或逆坡开挖。

（3）泥浆池、沉淀池开挖后，须进行平整、夯实；为防池壁坍塌，池顶面需密实。

（4）泥浆池四周及底部应采取防渗措施。

（5）应符合《水利水电工程沉沙池设计规范》SL 269 的要求。

3. 施工要点

（1）施工中，及时清理沉淀池；清理出来的沉渣集中外运至指定的渣土处理中心处理。

（2）废泥浆用罐车送到指定的处理中心进行处理。

（3）施工完毕后，应及时清除泥浆池内泥浆及沉渣，及时回填、压实、整平，恢复植被或原有土地功能。

泥浆池如图 2-6 所示。

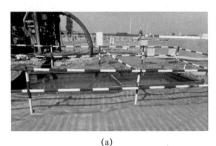

(a)　　　　　　　　　　　　　　(b)

图 2-6　泥浆池

（a）开挖式泥浆池；（b）移动式泥浆池

2.2.2　临时水冲式厕所

1. 适用范围

主要适用于变电（换流）站和输电线路工程施工期施工人员生活污水的处理处置。

2. 工艺标准

（1）施工生活区应设置临时水冲式厕所，每 25 人设置一个坑位，超过 100 人时，每增加 50 人设置一个坑位，男厕设 10 个坑位，女厕设 1 个坑位。

（2）施工生产区的水冲式移动厕所应围绕施工区均匀布置，每个移动厕所设置 2 个坑位。

3. 施工要点

（1）临时厕所的个数及容积应根据施工人员数量进行调整。

（2）临时厕所应保持干净、整洁。

（3）临时厕所应做好消毒杀菌工作。

临时水冲式厕所如图 2-7 所示。

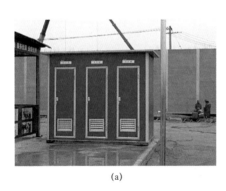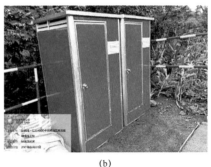

(a)　　　　　　　　　　　(b)

图 2-7　临时厕所

（a）换流站临时厕所；（b）输电线路临时厕所

2.2.3　临时化粪池

1. 适用范围

主要适用于变电（换流）站和输电线路工程施工期施工人员生活污水的处理处置。

2. 工艺标准

（1）临时厕所的化粪池可采用成品玻璃钢化粪池、砌筑化粪池。

（2）砌筑化粪池应进行防渗处理。

（3）化粪池进出管口的高度需要严格控制，管口进行严密的密封。

（4）砌筑化粪池应进行渗漏试验。

（5）施工工地附近有市政排水管网时，化粪池出水可以排放到市政管网；当施工工地附近无市政排水管网时，需要在工地设置生活污水处理装置，处理后的生活污水进行回用（如用于降尘洒水）。

3. 施工要点

（1）化粪池的进出口应做污水窨井，并应采取措施保证室内外管道正常连接和使用，不得泛水。

（2）化粪池顶盖面标高应高于地面标高 50mm。

（3）化粪池应定期清掏，及时转运，不得外溢。

临时化粪池如图2-8所示。

 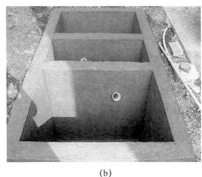

（a）　　　　　　　　　　　　　　　　（b）

图2-8　临时化粪池

（a）成品玻璃钢化粪池；（b）砌筑化粪池

2.2.4　移动式生活污水处理装置

1. 适用范围

主要适用于人烟稀少输电线路施工段施工人员生活污水的处理处置。

2. 工艺标准

（1）与移动式生活污水处理装置配套的集水池、调节池、污泥池应按相关标准施工，采取防渗措施。

（2）移动式生活污水处理装置应选择正规厂家的成熟设备。

3. 施工要点

（1）移动式生活污水处理装置进水管与泵、出水管与出水管线之间的管道应连接紧密，无渗漏。

（2）设备整体安装完毕后，应试漏合格后方可投入使用。

（3）采用生化法的处理装置，应每天观察生化池内填料情况，需填料全部长满了生物膜方可投入正常运行。

移动式生活污水处理装置如图 2-9 所示。

(a) (b)

图 2-9 移动式生活污水处理装置

（a）污水处理箱；（b）污水处理车

2.2.5 隔油池

1. 适用范围

主要适用于施工生活区食堂餐饮废水的处理处置。

2. 工艺标准

（1）厨房隔油池可采用不锈钢成套设备，应符合《餐饮废水隔油器》CJ/T 295 的规定。

（2）厨房隔油池不应设在厨房、饮食制作间及其他有卫生要求的空间内。

（3）施工废水隔油应采取防渗措施。

3. 施工要点

（1）与隔油池相连的管道均应防酸碱、耐高温。

（2）设备构件、管道连接处应做好密封，防止渗漏。

（3）隔油池应定期清理废油，废油交由资质单位进行处理处置。

隔油池如图 2-10 所示。

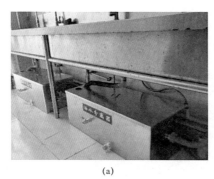 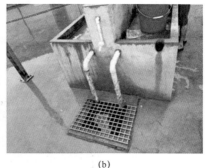

(a)　　　　　　　　　　　　　　(b)

图 2-10　隔油池

（a）油水分离器；（b）隔油装置

2.2.6　生活污水处理装置

1．适用范围

主要适用于变电（换流）站施工期和运行期生活污水处理处置。

2．工艺标准

（1）变电（换流）站应同步建设生活污水处理设备。

（2）生活污水处理设备前端宜设置化粪池、污水调节池，设备后端应设置污泥池和污水池，污水池后可设消毒池。前端污水调节池和后端污水池容积应满足冬季储水量要求，环境低于 0℃时，应采取防冻措施。

（3）设备入孔盖板应高出地坪 50mm 左右。

3．施工要点

（1）生活污水处理装置安装完毕后，设备与基础底板应连接固定，保证不使设备流动上浮。

（2）须在设备中注入污水（无污水时，用其他水源或自来水代替），充满度应达到 70%以上，以防设备上浮。

（3）检查好各管道有无渗漏。试水各管路口不应渗漏，同时设备不受地面水上涨，而使设备错位和倾斜。

（4）连接好风机、水泵控制线路，并注意风机、水泵的转向应正确无误。

变电（换流）站生活污水处理装置如图 2-11 所示。

图 2-11 变电（换流）站生活污水处理装置

2.2.7 事故油池

1. 适用范围

主要适用于事故状态下变电（换流）站变压器（换流变压器）、电抗器等含油设备产生废油的处置。

2. 工艺标准

（1）事故油池的耐久性应符合《混凝土结构设计规范》GB 50010 的有关规定，混凝土强度不低于 C30。

（2）结构厚度不应小于 250mm；混凝土抗渗等级不应低于 P8。

（3）抗渗混凝土用的水泥宜采用普通硅酸盐水泥。

（4）质量标准应符合《变电（换流）站土建工程施工质量验收规范》Q/GDW 1183 的相关要求。

3. 施工要点

（1）施工技术人员应掌握事故油池防渗的技术要求。

（2）抗渗混凝土的配合比应按《普通混凝土配合比设计规程》JGJ 55 的规定通过试验确定。

（3）施工中每道工序均应进行检验，上道工序检验合格后方可进行下道工序。

（4）抗渗混凝土防渗层养护期满后，应将缩缝、胀缝、衔接缝缝槽清理干净，并进行填缝。

变电（换流）站事故油池如图 2-12 所示。

图 2-12　变电（换流）站事故油池

2.3　声　环　境

特高压工程声环境影响主要发生在施工期和运行期，其中施工期主要是施工机械产生的噪声；运行期主要是变压器、电抗器等设备运行时产生的噪声，采取的声环境保护措施（设施）主要包括设立围挡围墙、低噪声设备、隔声罩、加高围墙、声屏障、吸音墙。采取措施后，施工场界噪声满足《建筑施工场界环境噪声排放标准》GB 12523 中的标准限值要求，运行期变电（换流）站站界噪声满足《工业企业厂界环境噪声排放标准》GB 12348 中相应的标准限值要求，声环境敏感目标满足《声环境质量标准》GB 3096 中相应的标准限值要求。

2.3.1 施工噪声控制

1. 适用范围

主要适用于施工期噪声的控制。

2. 工艺标准

（1）施工场地周围应尽早建立围栏等遮挡措施，尽量减少施工噪声对周围声环境的影响。

（2）运输材料的车辆进入施工现场严禁鸣笛。

（3）夜间施工需取得县级生态环境主管部门的同意。

3. 施工要点

（1）夜间施工时禁止使用高噪声的机械设备。

（2）在居民区禁止夜间打桩等作业。

（3）施工现场的机械设备，宜设置在远离居民区侧。

施工噪声控制措施如图 2-13 所示。

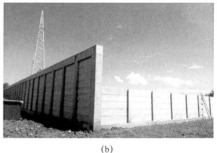

(a)　　　　　　　　　　　(b)

图 2-13　施工噪声控制措施

（a）彩钢板围墙隔声；（b）永临结合围墙隔声

2.3.2 低噪声设备

1. 适用范围

主要适用于站内产生噪声的设备。

2. 工艺标准

（1）变压器、电抗器等设备订货时应提出噪声限值。

（2）设备噪声限值应符合环境影响评价（简称环评）要求。

（3）供货商应提供设备出厂报告、出厂质量检验合格证书及有资质的检测单位提供的检测报告。

3. 施工要点

（1）设备应安装减振垫。

（2）附件、备件、配套地脚螺栓安装可靠、稳固。

低噪声设备如图 2-14 所示。

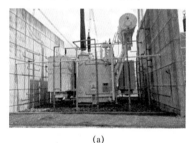 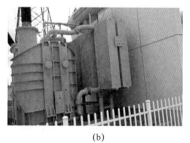

　　　　　　（a）　　　　　　　　　　　　　　（b）

图 2-14　低噪声设备

（a）低噪声变压器；（b）低噪声电抗器

2.3.3 隔声罩

1. 适用范围

主要适用于主变压器、换流变压器、电抗器等设备的降噪。

2. 工艺标准

（1）隔声罩的安装对象、位置、材料应严格执行环评报告和噪声专题报告的要求。

（2）隔声罩的降噪量应符合环评报告及批复的要求。

（3）安装完毕后，应检查连接缝是否严密。

（4）施工质量满足《钢结构工程施工质量验收标准》GB 50205、《电力建设施工技术规范 第 1 部分：土建结构工程》DL 5190.1、《电力建设施工质量验收规程》DL/T 5210（所有部分）等相关标准要求。

3. 施工要点

（1）钢结构、维护结构夹心彩钢板、吸声板运输及装卸车过程中，要采取措施防止构件变形和油漆及镀锌表面受损。

（2）应针对吸声板内吸声棉填充物和维护夹心板内填充物采取有效的防潮措施。

（3）吸声板堆放、转运应优先选用人工进行，避免机械运输破坏。

（4）维护结构夹心彩钢板装卸及安装过程中要加工模具或采取措施，防止起吊后板材变形。

（5）隔声罩内部四周吸音体要考虑与喷淋管道相碰的问题。

（6）屋面吸、隔声板应沿屋面排水方向采取搭接方式接缝，避免出现屋面漏水现象。

（7）表面做防腐处理，防腐年限不小于 10 年。

（8）未经设计书面同意，所有构件均不得采取拼接接长。

隔声罩如图 2-15 所示。

图 2-15　隔声罩

2.3.4　加高围墙

1. 适用范围

主要适用于站界外无声环境敏感目标的变电（换流）站。

2. 工艺标准

（1）围墙高度需满足环保专项设计、环评及批复文件要求。

（2）围墙形式、施工工艺要求严格按设计文件执行。

（3）允许偏差：平整度不大于 2mm，垂直度不大于 2mm，缝宽不大于 2mm。

3. 施工要点

围墙施工要求按相关设计要求执行。

加高围墙如图 2–16 所示。

图 2–16　加高围墙

2.3.5　声屏障

1. 适用范围

主要适用于站界外有声环境敏感目标的变电（换流）站，也可与加高围墙结合使用。

2. 工艺标准

（1）降噪材料的声学性能指标、材料、规格、型号等要求应满足设计要求。供货商应提供降噪材料型式检验报告、出厂报告、出厂质量检验合格证书及有资质的检测单位提供的检测报告。

（2）降噪板表面应平整、色泽一致、洁净。接缝应均匀、顺直，填充材料应干燥，填充应密实、均匀、无下坠。

（3）所有钢构件应经过非常彻底的喷射清理除锈，采用热浸镀锌防腐处理，外涂聚氨酯改性面漆两遍。

（4）允许偏差：立面垂直度不大于 3mm，表面平整度不大于 3mm；接缝直线度不大于 3mm，接缝高低不大于 3mm。

（5）施工质量满足《钢结构工程施工质量验收标准》GB 50205、《电力建设施工技术规范 第 1 部分：土建结构工程》DL 5190.1、《电力建设施工质量验收规程》DL/T 5210（所有部分）等相关标准要求。

3. 施工要点

（1）施工前应对进入现场的地脚螺栓、钢立柱、降噪板组织检查验收。重点核对降噪装置钢构件和降噪板型号、规格、数量是否满足设计要求，检查降噪装置钢构件和吸隔声板是否有损坏、擦伤、断裂等。检查附件、备件、配套地脚螺栓规格、型号是否齐全。

（2）埋件安装须专用安装支架，安装支架牢固可靠，有埋件微调措施。

（3）埋件完成后需经过验收检查合格，混凝土强度达到要求后，方可进入下道工序施工。

（4）钢立柱与预埋件在围墙上端的地脚螺栓连接。地脚螺栓固定采用双螺母以防止松动。

（5）降噪板安装采用分块嵌入式插入钢立柱槽钢中。

（6）降噪板与钢立柱间采用可拆卸螺栓连接。

（7）降噪板全部安装完毕，顶部采用压顶盖板，并采用可拆卸螺栓与钢柱连接固定。

（8）声屏障板表面防腐的耐久年限应30年以上，并保证在现场大气环境下20年内表面涂层不产生明显褪色、色差、龟裂、剥落。

声屏障如图2-17所示。

图2-17　声屏障

2.3.6　吸音墙

1. 适用范围

可用于封闭建筑物内部墙体，也可用于变电（换流）站围墙。

2. 工艺标准

（1）轻钢龙骨使用的紧固材料应满足构造功能，结构层间连接牢固；骨架应保证刚度，不得弯曲、变形。

（2）吸音棉应填充均匀、密实、平整；铝扣板安装固定牢靠，不得有翘曲变形、缺边损角，无松脱、折裂厚度一致。

（3）墙面垂直、平整，拼缝密实，线角顺直，板面色泽均匀整洁。

（4）允许偏差：墙面垂直度不大于3mm，平整度不大于2mm，阴阳角方正不大于2mm，接缝直线度不大于3mm，接缝高低差不大于2mm。

3. 施工要点

（1）墙面基层应找平及防潮处理。

（2）用经纬仪（或线锤）在墙间柱打（吊）垂直，根据面板尺寸分段设点做标记。

（3）对整个墙面进行排版，以确保板面布置总体匀称。四围留边时，留边的四周要上下左右对称均匀，且边板宽度尺寸不小于 300mm；墙上的灯具、配电箱、穿墙导管等设备位置合理、美观；地面与墙面收口应预留或设置踢脚线空挡。

（4）主次龙骨安装。竖向主龙骨固定点间距按设计推荐系列选择，原则上不能大于 1000mm。主龙骨采用射钉固定与基层墙面连接固定，其纵向安装相邻龙骨间距为 600mm；主龙骨安装后应及时校正其垂直度及平整度，主龙骨安装垂直度、平整度误差控制在 5mm 范围内。当主龙骨安装垂直度及平整度检查合格后，方可在纵向主龙骨上进行横向次龙骨的安装。横向次龙骨安装间距为 600mm，次龙骨与主龙骨间的连接采用拉铆钉。

（5）吸音棉铺装：在基层龙骨安装完后，将成卷的吸音棉（通常厚度为 50mm）套割成与轮钢龙骨安装间距相同宽度的板块（比如 600mm × 600mm），直接镶嵌在龙骨分格间；相邻两个吸音棉板块间的接缝要拼实挤严，不得有漏填现象，且其表面须与横向次龙骨表面齐平。

（6）面层铝扣板安装：面层铝扣板宜采用冲孔铝扣板，铝扣板厚度为 2mm。铝扣板是直接安装嵌扣入次龙骨槽口内。在面板安装前，全面检查基层主次龙骨安装的垂直度、平整度，吸音降噪材料的填嵌密实度，确定整个基层安装牢固可靠，符合有关规定后方可进入面板安装。多孔铝扣板安装时，须调直次龙骨。墙上的灯具、配电箱、穿墙导管等设备与饰面板的交接吻合、严密，角缝紧密；吸音墙板面垂直、平整，拼缝顺直，无翘曲、锤印等。

（7）铝角条安装：在墙柱及门窗洞口阴阳角拼缝处采用阴角条和阳角条进行装饰收口。阴阳角装饰铝条与墙板面间采用铆钉连接加固，其安装水平误差，纵向误差、平直度均不得超过 3mm。

吸音墙（铝扣板）如图 2-18 所示。

图 2-18 吸音墙（铝扣板）

2.4 固 体 废 物

　　特高压工程的固体废物主要是施工过程产生的建筑垃圾、房屋拆迁产生的建筑垃圾、原材料和设备包装物、临时防护工程产生的废弃织物。采取的主要控制措施包括通过设计图纸深化、施工方案优化、永临结合工程措施、临时设施和周转材料重复利用、施工过程管控等措施从源头减少建筑垃圾的产生；通过集中收集存放、回收与利用、委托有资质单位处理等进行排放控制。主要的固体废物措施（设施）包括永临结合工程措施、建筑垃圾清运、废料和包装物回收与利用、施工场地垃圾箱、变电（换流）站运行期垃圾箱。采取措施后符合《中华人民共和国固体废物污染环境防治法》、地方固体废物污染环境防治条例及相关标准规范要求。

2.4.1 永临结合工程措施

1. 适用范围

　　主要适用于变电（换流）站的进站道路、围墙、站内雨排管沟等，减少临时措施产生的固体废物。

2. 工艺标准

（1）施工前应做好施工组织设计，考虑永临结合工程措施，合理布置施工场地、施工时序。

（2）变电（换流）站施工现场临时道路布置宜与原有道路或永久进站道路兼顾考虑。

（3）应充分利用原有道路或永久进站道路基层，并加设预制拼装可周转的临时路面，如钢制路面、装配式混凝土路面等，加强路基成品保护。

（4）现场临时围挡宜最大限度利用永久围墙，具备条件的变电（换流）站宜先期修建永久围墙。

（5）现场临时雨水管沟宜与变电（换流）站内永久雨水排水沟兼顾考虑，具备条件时应先期修筑永久雨排管沟。

3. 施工要点

变电（换流）站的进站道路、围墙的施工工艺和质量应符合相关标准、规范和国家电网有限公司有关规定。

永临结合工程措施如图2-19所示。

(a)　　　　　　　　　(b)　　　　　　　　　(c)

图2-19　永临结合工程措施

（a）永临结合雨水排管沟；（b）永临结合围墙；（c）永临结合施工道路

2.4.2　建筑垃圾清运

1. 适用范围

主要适用于施工区域建筑垃圾的清运。

2. 工艺标准

（1）建筑垃圾应分类集中堆放，及时清运。

（2）建筑垃圾清运车辆应满足国家、地方和行业对机动车安全、排放、噪声、油耗的相关法规及标准要求。

（3）建筑垃圾清运车辆的外观、结构和密闭装置及监控系统应符合国家和地方的相关规定。

（4）建筑垃圾清运应按当地管理规定办理相关手续。

（5）建筑垃圾应按批准的时间、路线清运，在市政部门指定的消纳地点倾倒。

3. 施工要点

（1）建筑垃圾清运车辆应封闭严密后方可出场，装载高度不得高出车厢挡板。

（2）建筑垃圾清运车辆出场前应将车辆的车轮、车厢吸附的尘土、残渣清理干净，防止车辆带泥上路。

（3）建筑垃圾运输过程中应切实达到无外露、无遗撒、无高尖、无扬尘的要求。

（4）建筑垃圾清运车辆要按当地规定运输时段运输，夜间运输需按当地要求办理相关手续。

建筑垃圾密闭运输车辆如图2-20所示。

图2-20 建筑垃圾密闭运输车辆

2.4.3 废料和包装物回收与利用

1. 适用范围

主要适用于施工废料、原材料和设备包装物回收，包括导线头、角铁，设备包装箱、纸、袋，保护设备的衬垫物，导线轴等。

2. 工艺标准

（1）施工中可回收的废料、包装物应收集，并集中存放。

（2）可在工程中使用的包装物应优先回用于工程，如编织袋可装土用于临时防护。

（3）原材料和设备厂家能回收的包装物宜由其回收，不能回收的宜委托有资质单位回收利用。

（4）不能回收利用废料、包装废弃物应交由有资质单位做资源化处理。

（5）废料、包装物属于国家电网有限公司物资管理范畴的，其回收与利用应按国家电网有限公司规定执行。

3. 施工要点

（1）不同材料的包装物应分类收集、存放。

（2）包装物的回收与利用不应产生二次污染。

（3）应设专人负责包装物的回收与利用。

钢筋回收如图 2-21 所示。

图 2-21　钢筋回收

2.4.4 施工场地垃圾箱

1. 适用范围

主要用于施工生产区、办公区和生活区。

2. 工艺标准

（1）施工场地应设置垃圾箱对生活垃圾进行集中收集，垃圾箱的数量应根据现场实际情况设定。

（2）施工生活区宜配置分类垃圾箱，分类垃圾箱设置根据施工所在地要求执行。

（3）施工现场应设置封闭式垃圾转运箱，并定期清运。

（4）施工生活区垃圾箱数量可按平均每人每天产生 1kg 垃圾进行设置。

（5）垃圾转运箱设置 1～2 个。

（6）项目所在地有相关规定的，应按相关规定执行。

3. 施工要点

（1）垃圾箱应摆放整齐，外观整洁干净。

（2）设置专人负责生活区、办公区、施工生产区的清扫及生活垃圾的收集工作。

（3）生活垃圾定期清运。

分类垃圾箱、垃圾收集转运箱如图 2-22 所示。

（a） （b）

图 2-22 分类垃圾箱、垃圾收集转运箱
（a）分类垃圾箱；（b）垃圾收集转运箱

2.4.5 变电（换流）站运行期垃圾箱

1. 适用范围

主要适用于变电（换流）站运行期。

2. 工艺标准

（1）变电（换流）站主控楼内应设置分类垃圾箱，垃圾箱的个数应根据平均每班在站人员数量设定，垃圾产生量可按平均每人每天 1kg 考虑。

（2）设置食堂的变电（换流）站，餐厨垃圾单独收集。

（3）项目所在地有相关规定的，应按相关规定执行。

3. 施工要点

（1）垃圾箱应摆放整齐，外观整洁干净。

（2）设置专人负责办公区、生活区的清扫及生活垃圾的收集工作。

（3）生活垃圾定期清运。

变电（换流）站垃圾箱如图 2-23 所示。

图 2-23 变电（换流）站垃圾箱

2.5 电 磁 环 境

特高压工程电磁环境影响包括两个方面：一是运行期变电站电气设备运行

及输电线路运行时产生的合成电场，二是施工期扩建变电（换流）站施工临近带电体作业和输电线路平行接近或跨越带电运行线路施工时产生的感应电。从设计上采取的主要电磁环境保护措施主要包括：选址选线时避让居民密集区，变电（换流）站合理布局，合理选择导线直径及导线分裂数，增加导线对地高度；从设备上采取的措施包括设备订货时要求导线、母线、均压环、管形母线终端球和其他金具等提高加工工艺，施工时采取措施减少设备毛刺、有效避免尖端放电。从施工上采取的措施包括：感应电预防措施避免感应电伤人，悬挂标识牌做好提示。电磁环境应满足《电磁环境控制限值》GB 8702 工频电场、工频磁场限值要求，满足《直流输电工程合成电场限值及其监测方法》GB 39220 合成电场限值要求。

2.5.1 感应电预防

1. 适用范围

主要适用于变电（换流）站扩建临近带电体施工，输电线路平行接近或跨越带电线路施工

2. 工艺标准

（1）变电站内配电装置区施工应采用硬隔离措施将运行设备和施工区域有效隔离，施工区域位置宜使用硬质围栏，道路区域使用硬质围栏或伸缩围栏。

（2）施工区域硬隔离围栏面朝施工区方向应交叉悬挂"止步，高压危险！"和"禁止跨越"标识牌，间距不大于 6m。严禁隔离措施不完备情况下施工。

（3）变电站和输电进行临电作业时，应保证安装的设备和施工机械均接地良好。

（4）输电线路架线时，张力机、牵引机前端的钢丝牵引绳应采取接地滑车释放感应电；放线挡中间的直线塔应按要求设置接地放线滑车；紧线后耐张塔附件后应采用接地线将绝缘子两侧金具短路连接。

（5）临近带电体的作业人员应穿屏蔽服，高空人员应正确使用安全带等防护用品。

（6）可采取自动确定临电距离的设备或监测方法，保证作业人员对带电体净空距离满足安全要求。

3. 施工要点

（1）临时围挡设置应牢固，要保证足够的安全距离，要有人员防误入带电区措施。

（2）设备、机械的接地连接要可靠，接地钢钎等接地体要设置稳固，接地电阻要满足要求。

（3）张力机等设备前的接地滑车、直线塔接地滑车设置位置应保证可靠接地效果。

（4）屏蔽服使用前必须仔细检查外观质量，如有损坏即不能使用。穿着时必须将衣服、帽、手套、袜、鞋等各部分的多股金属连接线按照规定次序连接好，并且不能和皮肤直接接触，屏蔽服内应穿内衣。屏蔽服使用后必须妥善保管，不与水气和污染物质接触，以免损坏，影响电气性能。

临近电作业感应电预防如图 2-24 所示。

 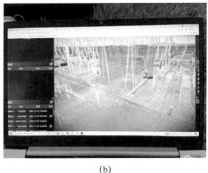

(a)　　　　　　　　　　　　　(b)

图 2-24　临近电作业感应电预防
(a) 人员穿着屏蔽服作业；(b) 基于北斗定位技术的临电作业虚拟安全围栏

2.5.2 设备尖端放电预防

1. 适用范围

主要适用于变电（换流）站、输电线路电气安装。

2. 工艺标准

（1）输电线路应采取张力架线工艺，避免导线落地产生摩擦。

（2）输电线路紧线、附件作业应落实导线质量保护工艺，降低导线损伤发生概率。

（3）变电站应采取高空跨线组合精准安装工艺，改善变电站构架区局部电磁场分布，有效降低电晕及可听噪声水平。

3. 施工要点

（1）导线、管形母线等带电设备出现磨损时，应用砂纸打磨等方式处理合格。

（2）整板、开口销、均压环等安装工艺要按规定进行，调整板朝向、开口销角度、均压环与绝缘子、金具的距离均应满足降低尖端放电的要求。

（3）电气设备安装时，应保证高压设备、建筑物钢铁件均接地良好，设备导电元件间接触均应连接紧密，减小因接触不良而产生的火花放电。

（4）输电线路架线时张力机轮径、放线滑车轮径应满足工艺要求，轮槽不应有破损，避免导线损伤。

（5）导线、管形母线等设备压接及金具连接需接触地面时，应做好铺垫，防止磨伤设备。

设备尖端放电预防如图 2-25 所示。

(a) (b)

图 2-25 设备尖端放电预防

(a) 张力架线防止导线磨损；(b) 构架高空跨越组合改善局部电磁场分部

2.5.3 高压标识牌

1. 适用范围

主要适用于变电（换流）站围墙外立面、输电线路铁塔的高压标识牌。

2. 工艺标准

（1）高压标识牌的材质、样式和规格应符合国家电网有限公司相关规定要求。

（2）高压标识牌的安装位置可根据实际情况确定，同一工程标识牌距地面安装高度应统一。

（3）变电（换流）站围墙外立面高压标识牌宜设置在进出线、配电装置侧围墙外；输电线路每基塔均应设置高压标识牌，安装位置可结合塔位牌一同考虑。

3. 施工要点

（1）高压标识牌宜采用螺栓固定，牢固可靠。

（2）定期检查高压标识牌，出现脱落、污损应及时补装、更换。

高压标识牌如图 2-26 所示。

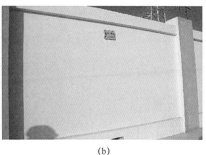

(a)　　　　　　　　　　　　　　　　　　(b)

图2-26　高压标识牌

（a）线路高压标识牌；（b）变电站高压标识牌

2.6 生态环境

特高压工程生态环境影响主要发生在施工期，表现为施工活动如场地平整、基坑（槽）开挖、混凝土浇筑、铁塔组立、架线施工、施工人员和车辆进出等对地表植被、土壤的扰动和破坏，对工程周围动物的影响。特高压工程对生态环境的保护按照"避让、减缓、补偿和重建"的原则，采取生态防护与恢复措施，主要包括：选址选线时尽量避让生态保护红线区和集中林区；设计中采取高塔跨树减少树木砍伐，采用全方位高低腿铁塔和窄基塔减少占地和土方开挖；施工中采取限界、尽量利用现有道路等措施减少临时占地，采用棕垫隔离、彩条布和钢板铺垫、迹地恢复等措施减少土地扰动和植被破坏，采取孔洞盖板、保护标识牌、临时占地远离动物栖息地、觅食点和饮水点等措施保护野生动物；运行期采取修剪树冠措施减少树木砍伐，采用人工鸟巢保护鸟类。采取措施后工程建设可满足《中华人民共和国环境保护法》《建设项目环境保护管理条例》等法律法规、标准规范有关规定的要求。

2.6.1 施工限界

1. 适用范围

主要适用于变电（换流）站站区、进站道路区、站外管线区、输电线路塔基区、施工便道、牵引场、张力场、施工营地等区域的施工限界。

2. 工艺标准

（1）施工现场应采取限界措施，以限制施工范围，避免对施工区域外的植被、土壤等造成破坏。

（2）施工限界可视现场情况采取彩钢板围栏、硬质围栏、彩旗绳围栏、安全警示带等限界措施。

（3）彩钢板围栏、硬质围栏、彩旗绳围栏质量应符合相关标准要求。

（4）彩钢板围栏各构件安装位置应符合设计要求。

（5）彩钢板围栏、硬质围栏等宜采用重复利用率高的标准化设施。

3. 施工要点

（1）有条件的变电（换流）站站区宜先期修筑围墙进行施工限界。

（2）输电线路塔基区、牵引场、张力场可采用彩旗绳进行限界。

（3）彩钢板围栏应连续不间断，现场焊接部件位应正确，无假焊、漏焊。

（4）施工过程中应定期检查限界措施的完整性，破损时应及时更换或修补。

施工限界如图 2-27 所示。

(a) (b)

图 2-27 施工限界

（a）硬质围栏限界；（b）彩旗绳限界

2.6.2 棕垫隔离

1. 适用范围

主要适用于地表植被较脆弱、恢复困难的地段。

2. 工艺标准

（1）棕垫应拼接严密、覆盖完整，搭接宽度应不小于 200mm。

（2）棕垫质量应符合相关标准要求。

3. 施工要点

（1）施工过程中，应每天检查棕垫的完整性，如有破损应及时补修或更换。

（2）施工结束后应及时将棕垫撤离现场。

棕垫隔离如图 2-28 所示。

(a)   (b)

图 2-28 棕垫隔离

（a）施工场地棕垫隔离；（b）运输道路棕垫隔离

2.6.3 彩条布铺垫与隔离

1. 适用范围

主要适用于临时堆土、堆料场、牵张场等。

2. 工艺标准

（1）彩条布应具有耐晒和良好的防水性能；严寒地区施工选用的彩条布还应具有耐低温性。

（2）临时堆土、堆料彩条布铺垫的用料量按照堆土面积的 1.2 倍～3 倍计算。

（3）彩条布边缘距堆放物应不小于 500mm。

（4）彩条布搭接宽度应不小于 200mm。

（5）彩条布质量应符合相关标准要求。

3. 施工要点

（1）彩条布铺垫前应将场地内石块清理干净。

（2）彩条布设铺设应平整，并适当留有变形余量。

（3）施工时应注意检查彩条布是否有洞或破损。

（4）彩条布应覆盖完整，并检查是否有遗漏。

（5）正常情况下，坡面铺垫时不能有水平搭接。

（6）施工结束后及时撤离彩条布，并妥善处理，避免二次污染。

彩条布隔离与铺垫如图 2-29 所示。

(a)　　　　　　　　　　　　(b)

图 2-29　彩条布隔离与铺垫

（a）基础施工场地彩条布隔离与铺垫；（b）张力场彩条布隔离与铺垫

2.6.4 钢板铺垫

1. 适用范围

主要适用于利用田间道路作为施工便道或需占用农田作为临时用地的情况，其他情况可根据环评报告和批复要求、工程地形地质地貌特点等选用钢板铺垫措施。

2. 工艺标准

（1）钢板应采用厚度为 20mm 以上的热轧中厚钢板，级别为 Q235B。

（2）土质结构较为松散的地面，应适当增加钢板的厚度。

3. 施工要点

（1）钢板铺垫的路面、路线和路宽可视现场实际情况而定。

（2）钢板铺设时须纵向搭接，保证车辆行驶时不出现翘头板。

钢板铺垫如图 2-30 所示。

(a)   (b)

图 2-30 钢板铺垫

（a）农田区域施工便道钢板铺垫；（b）其他区域施工便道钢板铺垫

2.6.5 孔洞盖板

1. 适用范围

主要适用于动物活动频繁区域。

2. 工艺标准

（1）动物保护基坑盖板的实施宜在当地林业部门的指导下进行。

（2）应能防止附近的野生动物跌落入塔基基坑。

（3）孔洞盖板的制作应符合国家电网有限公司相关规定，当林业部门有特殊要求时从其要求。

3. 施工要点

（1）合理规划协调施工工期，最大限度避开野生动物的重要生理活动期，如繁殖期（5月～8月）中的高峰时段。

（2）每天施工撤离前应对所有的施工挖孔基础或桩基础基坑进行检查，是否全部覆盖了基坑盖板。

孔洞盖板如图 2–31 所示。

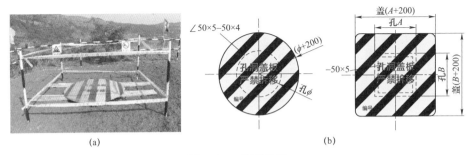

图 2–31 孔洞盖板

（a）实物图；（b）示意图（单位：mm）

2.6.6 人工鸟巢

1. 适用范围

主要适用于河流、湖泊、水库等水源附近，农田区域，鸟类迁徙通道等鸟类活动频繁区域的输电线路。

2. 工艺标准

（1）人工鸟巢不应影响线路安全运行，现场装拆方便。

（2）人工鸟巢应能长期耐受紫外线、雨、雪、冰、风、温度变化等外部环境和短时恶劣天气的考验，并通过相关材料、电气和机械性能试验。

（3）人工鸟巢制作可根据当地情况选择适宜的材料制作，如藤条筐、不锈钢网等，内铺干草。

（4）人工鸟巢形状以圆形碗状为宜，尺寸应根据线路区域鸟类种类、数量及分布情况确定。

（5）人工鸟巢应采用专用夹具，安装牢固，紧固螺栓应采取可靠的防松措施。

（6）人工鸟巢应设置编号，便于管理。

3. 施工要点

（1）人工鸟巢应安装铁塔安全区域，如休息平台、导线横担防护范围外的位置。

（2）应统计线路走廊 1km～2km 半径范围内鸟类种类、数量及分布情况作为基础数据。

（3）线路通道内的人工鸟巢应设置在线路边相导线安全距离以外，便于鸟类停留栖息且不影响线路安全运行。

（4）安装人工鸟巢应校验安全距离。

（5）若鸟类已在铁塔上筑巢，可将原生鸟巢拆下，整体移入人工鸟巢。

人工鸟巢如图 2-32 所示。

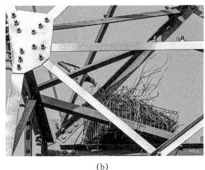

(a)   (b)

图 2-32　人工鸟巢

（a）藤条筐人工鸟巢；（b）不锈钢网人工鸟巢

2.6.7　迹地恢复

1. 适用范围

主要适用于房屋拆迁和施工临时占地的恢复。

2. 工艺标准

（1）房屋建筑、施工临建拆除后，硬化地面需剥离，基础需挖除，产生的建筑垃圾处理和运输应符合相关法律法规要求。

（2）硬化地面剥离、基础挖除后，需对迹地进行平整，以达到土地平坦，坡度不超过 5°。

（3）平整后的土地应及时恢复地表植被或原有使用功能。

（4）施工临时堆土场、堆料场，临时道路，牵张架线场等临时占地应在占用结束后及时恢复地表植被或原有使用功能。

（5）房屋建筑、施工临建拆除应彻底，禁止残留墙体、硬化地面和基础。

3. 施工要点

（1）房屋建筑、施工临建拆除过程应注意保护周围地表植被、控制扬尘。

（2）房屋建筑、施工临建拆除形成的建筑垃圾应全部清运，禁止原地掩埋。

（3）迹地平整可采取推土机和人工相结合的作业方式，即采用推土机初平，然后人工整平。

（4）拆迁后或临时占用后的迹地应恢复至满足耕种的条件，非耕地视情况实施植被恢复并保证成活率。

迹地恢复如图 2-33 所示。

(a)　　　　　　　　　　　　　　(b)

图 2-33　迹地恢复
(a) 房屋拆迁中；(b) 迹地恢复后

第 3 章
水 土 保 持

特高压工程水土保持措施（设施）按照单位工程可以划分为表土保护、拦渣、临时防护、边坡防护、截排水、土地整治、防风固沙、降水蓄渗、植被恢复 9 类单位工程。本章按照单位工程对特高压工程水土保持措施（设施）的使用范围、工艺标准和施工要点进行了阐述，共提出 28 项水保措施（设施），其中措施 12 项、设施 16 项。

3.1 表 土 保 护

表土资源保护与利用主要是针对腐殖质含量丰富的表层土，表层土壤是经过熟化过程的土壤，其中的水、肥、气、热条件更适合作物的生长，表土作为一种资源，需要在施工建设过程中予以足够的重视。特高压工程施工期，因开挖、填筑、弃渣、施工等活动破坏的表土资源应被保护和利用。

表土保护措施（设施）主要包括表土剥离、表土回覆、表土铺垫保护、草皮剥离养护及回铺。

3.1.1 表土剥离

1. 适用范围

主要适用于变电（换流）站和输电线路工程在施工期扰动地表的永久及临时征占地范围，表土剥离范围包括地表开挖或回填施工区域。

2. 工艺标准

（1）满足《生产建设项目水土保持技术标准》GB 50433 和《土地利用现状分类》GB/T 21010 的相关要求。

（2）应把表土妥善保存好，表土中不应含有建筑垃圾等物质。

（3）表土剥离厚度根据表层熟化土厚度确定，一般为 100mm～600mm。平原区塔基原地类为耕地、草地的，表土剥离厚度一般为 300mm；山丘区塔基、施工临时道路原地类为草地、林地的，剥离厚度一般为 100mm；高寒草原草甸地区，应对表层草甸进行剥离；对于内蒙古草原生态比较脆弱的区域应考虑减少扰动和表土剥离。

3. 施工要点

（1）定位及定线。将不同的剥离单元进行画线，标明不同单元土壤剥离的范围和厚度。当剥离单元内存在不同的土层时，应分层标明土壤剥离的厚度。

（2）清障。实施剥离前，应清除土层中较大的树根、石块、建筑垃圾等异物，不影响施工及余土堆放的灌木、乔木应做好保护。

（3）表土剥离。在每一个剥离单元内完成剥离后，应详细记载土壤类型和剥离量。在土壤资源瘠薄地区，如需进行犁底层、心土层等分层剥离，应增加记载土壤属性。表土较薄的山区表土、草甸区草甸土可采取人工剥离；土层较厚的平原区塔基、变电站可采取机械剥离。

（4）临时堆放。剥离的表土需要临时堆放时，应选择排水条件良好的地点进行堆放，并采取保护措施。表土较薄的山区表土应装入植生袋就近存放；土层较厚的平原区塔基、变电站可采用就近集中堆存或异地集中堆存。

（5）其他方面的要求如下：

1）当剥离过程中发生较大强度降雨时，应立即停止剥离工作。在降雨停止后，待土壤含水量达到剥离要求时，再开始剥离操作。因受降雨冲刷造成土壤结构严重破坏的表土面应予清除。

2）禁止施工机械在尚未开展土壤剥离的区域运行；应确保施工作业面没有积水。

3）对剥离后的土壤应进行登记，详细载明运输车辆、剥离单元、储存区或回覆区、土壤类型、质地、土壤质量状况、数量等，并建立备查档案。

表土剥离如图 3-1 所示。

 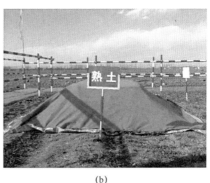

(a)　　　　　　　　　　　　　　(b)

图 3-1　表土剥离
（a）机械剥离；（b）表土集中堆存

3.1.2　表土回覆

1. 适用范围

主要适用于变电（换流）站和输电线路工程在施工结束后，需要进行植被建设、复耕的区域。

2. 工艺标准

（1）满足《生产建设项目水土保持技术标准》GB 50433 和《土地利用现状分类》GB/T 21010 的相关要求。

（2）应采用耕植土或其他满足要求的回填土，回填土中不应含有建筑垃圾等物质。

（3）回填时应封层夯实，回填土的夯实系数应达到设计要求。

（4）应保证地表平整。

（5）覆土厚度应根据土地利用方向、当地土质情况、气候条件、植物种类以及土源情况综合确定。一般情况下农业用地 300mm～600mm，林业用地 400mm～500m，牧业用地 300mm～500m。园林标准的绿化区可根据需要确定回覆表土厚度。

（6）回覆位置和方式应按照植被恢复的整地方式进行。平地剥离的表土数量足够时，一般将绿化及复耕区域全面回覆；坡地剥离的表土数量较少时，采用带状整地的可将绿化及复耕区域全面回覆，采用穴状整地的应将表土回覆于种植穴内。

（7）若剥离的表土不满足种植要求时，应外运客土回覆。

3. 施工要点

（1）画线。土地整治完成，回覆区确定后，应通过画线，明确回覆区范围；并根据恢复植被的种植要求和种植整地设计，划分回覆单元（条带），确定每个回覆单元的覆土范围和厚度。变电站回覆区域较大时，应划分网格，确定分区卸土的范围，各分区应明确回覆土壤的来源和数量。

（2）清障。应清除回填区域内土壤中的树根、大石块、建筑垃圾等杂物，保证回填区域地表的清洁。

（3）卸土、摊铺、平整。表土回覆应在土壤干湿条件适宜的情况下进行。应按照恢复植被的种植方向逐步后退卸土，土堆要均匀，摊铺厚度以满足设计覆土厚度为准。边卸土边摊铺，在摊铺完成后，采用荷重较低的小型机械或耙犁进行平整。当覆土厚度不满足耕作层厚度时，应用人工进行局部修复。

（4）翻耕。表土回覆后，视土壤松实程度安排土地翻耕，使土壤疏松，为植物根系生长创造良好条件。同时通过农艺措施和土壤培肥，不断提升地力，逐步达到原始地力水平。

（5）避开雨期施工，必要时在回覆区开挖临时排水沟。

表土回覆如图 3-2 所示。

 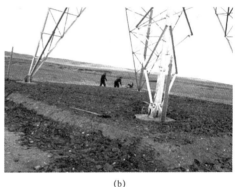

(a)	(b)

图 3-2　表土回覆
（a）机械回覆；（b）人工回覆

3.1.3　表土铺垫保护

1. 适用范围

主要适用于施工期由于人员走动或设备占压而对地表产生扰动的区域。

2. 工艺标准

（1）裸露的地表可选用彩条布铺垫在底部再集中堆存表土，减少对原地貌的扰动，堆土边沿用装入表土的植生袋进行拦挡，堆土上部用密目网苦盖避免扬尘。

（2）彩条布搭接宽度应不小于200mm。

（3）彩条布质量应符合相关标准要求。

3. 施工要点

（1）彩条布铺垫前应将场地内石块清理干净。

（2）彩条布设铺设应平整，并适当留有变形余量。

（3）施工时应注意检查彩条布是否有洞或破损。

（4）彩条布应覆盖完整，并检查是否有遗漏。

（5）施工结束后及时撤离彩条布，并妥善处理，避免二次污染。

表土铺垫保护如图3-3所示。

图3-3 表土铺垫保护

3.1.4 草皮剥离、养护及回铺

1. 适用范围

主要适用于在青藏高原等高寒草原草甸地区，草皮的保护与利用亦属于表土资源保护与利用的范畴，剥离草甸养护费用高昂，低海拔温暖区域不建议采用剥离草甸。

2. 工艺标准

（1）满足《生产建设项目水土保持技术标准》GB 50433 的相关要求。

（2）应把草坪妥善保存好，尽量不要破坏根系附着土。

（3）应该定期浇水。

（4）草皮回铺时应压实，压实系数应达到设计要求。

（5）应保证地表平整。

3. 施工要点

（1）原生草皮剥离。按照 500mm×500mm×（200mm～300mm）（长×宽×厚）的尺寸规格，将原生地表植被切割剥离为立方体的草皮块，移至草皮养护点；剥离草皮时，应连同根部土壤一并剥离，尽量保证切割边缘的平整；必须在根系层以下保留 30mm～50mm 的裕度，以保证根系完整并与土壤良好结合，确保草皮具有足够的养分来源；草皮剥离和运输过程中，应避免过度震动而导致根部土壤脱落；此外，要对草皮下的薄层腐殖土就近集中堆放，用于后期草皮回移时的覆土需要。

（2）剥离草皮养护。草皮养护点可选择周边空地、养护架或纤维袋隔离的邻近草地上，后者的草皮厚度需控制在 4 层之内。分层堆放草皮块时，需采用表层接表层、土层接土层的方式。要注意经常洒水，以保持养护草皮处于湿润状态，并在周边设置水沟，将大雨时段的多余降水及时排走，避免草皮长期处于淹没状态而腐烂死亡。养护草皮的堆放时间不宜过长，回填完成后，应立即进行回移。

（3）草皮回移铺植。草皮回铺施工工艺应符合下列规定：

1）草皮回铺区域应回填压实，压实系数应达到设计要求。回铺前应进行土地整治，先垫铺 50mm～100mm 厚的腐殖土层。在腐殖土层不足的情况下，可利用草皮移植过程中废弃的草皮土。铺植时，把草皮块顺次摆放在已平整好的土地上，铺植后压平，使草皮与土壤紧接。

2）机械铲挖的草皮经堆放和运输，根系会受到一定损伤，铺植前要弃去破碎的草皮块。

3）铺植时，把草皮块顺次摆放在已平整好的土地上，铺植后压平，使草皮与土壤紧接。

4）铺植时应减少人为原因造成草皮损坏，影响成活率；同时，尽量缩小草皮块之间的缝隙，并利用脱落草皮进行补缝。

5）应尽量保证回铺草皮与周边原生草皮处于同一平面以提高成活率。

草皮剥离及养护如图3-4所示。草皮回铺如图3-5所示。

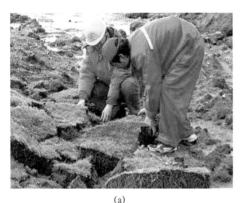 

（a） （b）

图3-4 草皮剥离及养护

（a）草皮剥离；（b）草皮养护

（a） （b）

图3-5 草皮回铺

（a）草皮回铺；（b）回铺后养护

3.2 拦 渣 工 程

特高压工程拦渣措施是指支撑和防护弃渣体，防止其失稳滑塌的构筑物，一般适用于山丘区塔基基础余土（渣）的防护，主要用于拦挡渣体，防止渣体向外滑动和散落，也可用于弃渣场的渣体防护。采取的挡渣措施主要包括浆砌石挡渣墙、混凝土挡渣墙等。

3.2.1 浆砌石挡渣墙

1. 适用范围

主要适用于山丘区塔基基础余土（渣）的防护。

2. 工艺标准

（1）浆砌石挡渣墙基础应嵌入原状土，在坐落位置开槽，开槽深度应满足设计要求。

（2）基础开挖及处理工程量符合设计要求。

（3）墙体砌筑工程量应符合设计要求。

（4）砌石砌筑石料规格、砂浆强度符合设计要求，铺浆均匀、灌浆饱满、石块紧靠密实、垫塞稳固、无架空等现象。排水孔位置、数量、尺寸应符合设计要求。沉降缝设置符合设计要求。

（5）墙体砌筑坡比符合设计要求。

（6）墙体断面尺寸应符合设计要求，厚度允许偏差为±20mm，顶面标高允许偏差为±15mm。

（7）墙体砌筑砌缝宽度应符合设计要求，工艺美观。

（8）浆砌石挡渣墙需先制作挡渣墙并达到设计强度后方可在其上坡侧堆置

渣土。

3. 施工要点

（1）基础开挖前，需对挡渣墙坐落位置、余土永久堆存位置清障、剥离表土；剥离的表土应装袋堆存。

（2）根据施工设计图纸，准确计算挡渣墙的轴线位置，然后进行轴线放样，并测量出挡渣墙边线和基石开挖尺寸。浆砌石挡墙基槽开挖可采取人工或机械进行，开挖出的余土堆置于挡渣墙上侧的永久堆土区，用填土植生袋临时拦挡。基槽尺寸、深度应符合设计要求，开挖完毕应会同监理、设计验槽，确定地耐力符合设计要求方可进行挡渣墙墙体施工。

（3）施工过程中应将基础范围内风化严重的岩石、杂草、树根、表层腐殖土、淤泥等杂物清除。当地基开挖发现有淤泥层或软土层时，需进行换填处理。

（4）砌石底面应卧浆铺砌，立缝填浆捣实，不得有空缝和贯通立缝。砌筑中断时，应将砌好的石层空隙用砂浆填满，再砌筑时石层表面应清扫干净，洒水湿润。砌筑外露面应选择有平面的石块，且大小搭配、相互错叠、咬接牢固，使砌体表面整齐，较大石块应宽面朝下，石块之间应用砂浆填灌密实。

（5）排水孔位置、尺寸、坡降、数量、材质应符合设计要求，一般条件下，排水孔孔径 50mm～100mm，纵横向间距 2m～3m，坡降 5%，呈梅花形交错布置。排水孔下方挡墙上坡侧应设置夯填黏土隔水层，排水孔上方上坡侧设置反滤层，排水孔位置设置碎石囊堆防止排水孔堵塞。

（6）砌体勾缝一般采用平缝或凸缝。勾缝前须对墙面进行修整，再将墙面洒水湿润，勾缝的顺序是从上到下，先勾水平缝后勾竖直缝。勾缝宽度应均匀美观，深（厚）度为 10mm～20mm，缝槽深度不足时，应凿够深度后再勾缝。

（7）挡渣墙墙体应在砂浆初凝后开始养护，洒水或覆盖 4d～14d，养护期间应避免碰撞、振动或承重。

浆砌石挡渣墙如图 3-6 所示。

图 3-6 浆砌石挡渣墙

3.2.2 混凝土挡渣墙

1. 适用范围

主要适用于弃渣场的渣体防护，也可用于山丘区塔基基础余土（渣）的防护。

2. 工艺标准

（1）混凝土挡渣墙基础应嵌入原状土，在坐落位置开槽，开槽深度应满足设计要求。

（2）基础开挖及处理工程量符合设计要求。

（3）墙体砌筑工程量应符合设计要求。

（4）墙体砌筑坡比符合设计要求。

（5）基坑断面尺寸符合设计要求。

（6）表面平整度允许偏差±20mm。

（7）墙体厚度允许偏差±20mm，顶面标高允许偏差为±15mm。

（8）排水孔设置连续贯通，孔径、孔距允许误差为±5%。

（9）墙体砌筑砌缝宽度应符合设计要求，工艺美观。

（10）混凝土挡渣墙需先制作挡渣墙并达到设计强度后方可在其上坡侧堆置渣土。

3. 施工要点

（1）基础开挖前，需对挡渣墙坐落位置、余土永久堆存位置清障、剥离表土；剥离的表土应装袋堆存。根据施工设计图纸，准确计算挡渣墙的轴线位置，然后进行轴线放样。

（2）施工过程中应将基础范围内风化严重的岩石、杂草、树根、表层腐殖土、淤泥等杂物清除。当地基开挖发现有淤泥层或软土层时，需进行换填处理。混凝土挡墙基槽开挖可采取人工或机械进行，开挖出的余土堆置于挡渣墙上侧的永久堆土区，用填土植生袋临时拦挡。基槽尺寸、深度应符合设计要求，开挖完毕应会同监理、设计验槽，确定地耐力符合设计要求方可进行挡渣墙墙体施工。

（3）水泥、砂、碎石、外加剂、水等原材料严格按设计要求，控制混凝土配合比，现场混凝土的配合比应满足强度、抗冻、抗渗及和易性要求，控制最大水灰比和坍落度。混凝土振捣应密实。

（4）做好模板安装，模板安装是现浇混凝土护坡施工的关键工序之一。挡渣墙墙体浇制施工时清理坑口周边的杂物和松散泥土，按需搭设作业平台，按设计要求绑扎钢筋、支设模板并找正，对模板进行可靠固定。

（5）现场搅拌混凝土，浇制前检查混凝土塌落度确保混凝土配合比符合设计要求。浇筑混凝土后使用振动棒分层振捣混凝土，插点间距不大于振动棒的作用半径的1.4倍。

（6）模板安装和混凝土搅拌完成后进行混凝土浇筑，混凝土浇筑应先坡后底，最后浇筑压沿。浇筑开始前应在精削后的边坡上安放钢模板并固定闭孔泡沫塑料伸缩缝。混凝土运到浇筑现场后应及时流槽入仓。

（7）混凝土浇筑完毕12h后以草帘覆盖、洒水养护2d～3d。结合空间施工段划分，待混凝土达到1.2MPa强度时，方可拆模进行补空板的浇筑。

（8）在混凝土强度满足以上要求后，对相邻板缝进行清理，清理深度符合设计要求，按设计要求进行填缝。

混凝土挡渣墙如图 3-7 所示。

图 3-7　混凝土挡渣墙

3.3　临　时　防　护

特高压工程临时防护主要用于防护施工中的临时堆料、堆土（石、渣，含表土）、临时施工迹地等，是为防止降雨、风等外营力在冲刷、吹蚀，而采取的临时拦挡、排水、苫盖等措施。临时防护措施（设施）主要包括临时排水沟、填土编织袋（植生袋）拦挡、临时苫盖等。

3.3.1　临时排水沟

1. 适用范围

主要适用于变电（换流）站和输电线路临时堆土及裸露地表产生汇水的排导。

2. 工艺标准

（1）工程量符合设计或实际情况。

（2）排水通畅、散水面设置符合实际要求。

3. 施工要点

（1）先做好临时排水沟走向设计，定位定线。

（2）挖沟前应先清障，先整理排水沟基础，铲除树木、草皮及其他杂物等；挖沟时应将表土剥离进行集中堆存，余土堆置于沟槽下坡侧，培土拍实成为土埂。

（3）挖掘沟身时须按设计断面及坡降进行整平，便于施工并保持流水顺畅。

（4）填土部分应充分压实，并预留高度 10% 的沉降率。填土不得含有树根、杂草及其他腐蚀物。

（5）临时排水沟不再使用时，应将余土填入沟中，充分压实，覆盖表土，预留高度 10% 的防尘层，必要时采取人工植被恢复措施。

临时排水沟如图 3-8 所示。

图 3-8　临时排水沟

3.3.2　填土编织袋（植生袋）拦挡

1. 适用范围

主要适用于变电（换流）站和输电线路临时堆土的拦挡。

2. 工艺标准

（1）工程措施坚持"先防护后施工"原则。

（2）坡脚处拦挡要满足堆土量的设计要求。

（3）编织袋（植生袋）宜采用可降解材料。

3. 施工要点

（1）一般采用编织袋或植生袋装土进行挡护，编织袋（植生袋）装土布设于堆场周边、施工边坡的下侧，其断面形式和堆高在满足自身稳定的基础上，根据堆体形态及地面坡度确定。

（2）一般采取"品"字形紧密排列的堆砌护坡方式，挡护基坑挖土，避免坡下出现不均匀沉陷，铺设厚度一般按 400mm～600mm，坡度不应陡于 1:1.2～1:1.5，高度宜控制在 2m 以下。

（3）编织袋（植生袋）填土交错垒叠，袋内填充物不宜过满，一般装至编织袋（植生袋）容量的 70%～80%为宜。同时，对于水蚀严重的区域，在"品"字形编织袋（植生袋）挡墙的外侧需布设临时排水设施，风蚀区则不考虑。

（4）可使用填生土编织袋或填腐殖土植生袋进行临时拦挡，宜使用填腐殖土植生袋进行永临结合拦挡，堆土一次到位，避免倒运。

（5）填生土编织袋临时拦挡时间一般不超过 3 个月，避免编织袋风化垮塌。植生袋一般采用可降解的无纺布材质，降解周期 2 年~3 年，强度大可重复倒运使用，夹层粘贴的草籽具备成活条件。

填土编织袋（植生袋）拦挡如图 3-9 所示。

（a）　　　　　　　　　　　　（b）

图 3-9　填土编织袋（植生袋）拦挡

（a）编织袋（植生袋）拦挡施工；（b）填土编织袋（植生袋）挡墙

3.3.3 临时苫盖

1. 适用范围

主要适用于变电（换流）站和输电线路临时堆土及裸露地表的苫盖。

2. 工艺标准

（1）布设位置符合设计要求，覆盖边缘有效固定。

（2）苫盖材料选择符合设计要求。

（3）被苫盖体无裸露。

（4）苫盖材料搭接尺寸允许偏差不小于 100mm。

（5）苫盖密实、压重可靠。

3. 施工要点

（1）临时苫盖材料可选择仿真草皮毯、密目网、彩条布、塑料布、土工布、钢板、棕垫、无纺布、植生毯等对堆土、裸露的施工扰动区、临时道路区、植被恢复区进行临时苫盖。

（2）变电（换流）站裸露地表可使用仿真草皮毯等临时苫盖，使用 U 形钉固定于地面，两片草皮毯接缝处应重合 50mm～100mm。

（3）变电（换流）站、塔基等临时堆土应使用 3000 目以上密目网临时苫盖，可使用 U 形钉固定或石块压力固定，两片密目网接缝处应重合 300mm～500mm。

（4）存放砂石、水泥等材料的扰动区地表可使用彩条布临时苫盖，使用 U 形钉固定于地面，两片草皮毯接缝处应重合 50mm～100mm。

（5）塔基的泥浆池、临时蓄水池其坑底和坑壁可使用塑料布苫盖。

（6）张牵场等施工扰动区可使用密目网、土工布、彩条布等临时苫盖。

（7）高原草甸施工扰动区、临时道路可使用棕垫苫盖减少对地表扰动和植被破坏。

（8）临时道路可使用钢板临时苫盖，降低对临时道路破坏。

（9）植被恢复区可使用无纺布、植生毯等进行临时苫盖，保存土壤水分，提高植被成活率。

（10）施工时在苫盖材料四周和顶部应放置石块、砖块、土块等重物做好固定，以保持其稳定，避免大风吹起彩条布、无纺布等降低苫盖效果或发生危险。

（11）运行中要定期检查苫盖材料的破漏情况，及时修补。

（12）极端天气前后一定要检查其完整情况。

（13）临近带电体时不宜采用密目网、彩条布等苫盖措施，防止被大风吹到带电设备上发生危险。

（14）所有苫盖用材料要做好回收利用或回收处理，避免污染环境。

临时苫盖措施如图 3−10 所示。

 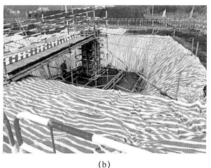

(a) (b)

图 3−10 临时苫盖措施
(a) 密目网临时苫盖；(b) 彩条布临时苫盖

3.4 边 坡 防 护

特高压工程坡面防护是为了稳定斜坡，防治边坡风化、面层流失、边坡滑移、垮塌而采取的措施，坡面防护的首要目的是固坡，对扰动后边坡或不稳定自然边坡具有防护和稳固作用，同时兼具边坡表层治理、美化边坡等功能。边坡防护措施（设施）主要包括浆砌石护坡、植物骨架护坡、生态袋绿化边坡、植草砖护坡、客土喷播绿化护坡等。

3.4.1 浆砌石护坡

1. 适用范围

主要适用于山丘区输电线路开挖边坡和回填边坡的防护。

2. 工艺标准

（1）基面坡度、地耐力应符合设计要求。

（2）垫层厚度符合设计要求，允许偏差为±15%。

（3）垫层处理工程量符合设计要求。

（4）护坡砌筑工程量应符合设计要求。

（5）护坡砌石砌筑石料规格、砂浆强度应符合设计要求，铺浆均匀、灌浆饱满。

（6）排水孔位置、数量、尺寸应符合设计要求，一般条件下，排水孔孔径50mm～100mm，纵横向间距2m～3m，底坡5%，呈梅花形交错布置。

（7）护坡砌筑表面平整度应符合设计要求，允许偏差为±50mm。

（8）护坡厚度应符合设计要求，厚度允许偏差为±50mm。

（9）坡度应符合设计要求。

（10）基面坡度符合设计要求。

（11）护坡砌筑勾缝均匀，无开裂、脱皮。

3. 施工要点

（1）浆砌石护坡应砌筑在稳固的地基上，基础埋深应满足设计要求。

（2）护坡砌筑施工前，先对边坡进行修整，清刷坡面杂质、浮土，填补坑凹，夯拍，使坡面密实、平整、稳定。底部浮土应清除，石料上的泥垢应清洗干净，砌筑时保持表面湿润。采用挂线法将边坡坡面按设计坡度刷平，坑洼不平部分填补夯实，合格后进行下道工序施工。护脚基坑开挖前用石灰洒出开挖边界，采用小型挖机配合人工进行开挖。基底设计高程以上100mm区域采用人工进行挖除。肋柱和护脚基坑按设计形式尺寸挂线放样，开挖沟槽。保证基坑开挖尺寸符合设计及相关规范要求。

（3）采用坐浆法分层砌筑，铺浆厚度宜为30mm～50mm，用砂浆填满砌缝，不得无浆直接贴靠，砌缝内砂浆应采用扁铁插捣密实。

（4）砌体外露面上的砌缝应预留约40mm深的空隙，以备勾缝处理。

（5）勾缝前应清缝，用水冲净并保持槽内湿润，砂浆应分次向缝内填塞密实。勾缝砂浆标号应高于砌体砂浆，应按实有砌缝勾平缝。砌筑完毕后应保持砌体表面湿润做好养护。

浆砌石护坡如图3-11所示。

图3-11　浆砌石护坡

3.4.2　植物骨架护坡

1. 适用范围

主要适用于变电（换流）站开挖边坡和回填边坡的防护。

2. 工艺标准

（1）轴线偏差±10mm，截面尺寸偏差±5mm。

（2）满足《变电（换流）站土建工程施工质量验收规范》Q/GDW 1183 的相关要求。

3. 施工要点

（1）按照图纸要求，对其放样，开挖基槽。

（2）模板考虑周转次数宜采用钢模，钢模安装完毕后，涂好脱模剂，模板缝隙浇筑前一天要高一标号砂浆封闭。作业平台搭设按设计要求绑扎钢筋、支设模板并找正，对模板进行可靠固定。

（3）采用细石混凝土，现场搅拌混凝土浇制，从下向上浇制混凝土，做到振捣密实。竖向框格混凝土浇制时应减小塌落度，控制浇制时间，避免混凝土较大流动。混凝土浇筑要一个圆弧一次成型，振捣要密实，采用直径 30mm 的振捣棒振捣。

（4）正常气温下 12h 内开始浇水养护，天气炎热干燥有风时应在 3h 内浇水养护。混凝土浇水湿润后，采用薄膜覆盖养护。

（5）混凝土强度达到 1.2MPa 前，不得在其上踩踏。强度达到设计标准值50%时，方可拆模。模板拆除时要防止对混凝土的碰撞，而损坏边角。

（6）在拆模后的框格内填腐殖土，骨架内宜根据当地气候区划选择适宜草型种植，播撒草籽，喷水抚育，覆盖无纺布保墒。经常洒水保持表面湿润，常温下抚育期不得小于 7d。

（7）护坡高度超过 8m 时，两级护坡之间需设置 1.5m～2m 宽的分级平台。护坡应采取有组织排水，使流水汇集在骨架内，防止流水冲刷坡面。

（8）伸缩缝无设计要求，采用 8m～10m 或两列格室间距设置，沥青麻丝嵌缝、硅酮耐候密封胶做表面填充。

植物骨架护坡如图 3－12 所示。

图 3-12 植物骨架护坡

3.4.3 生态袋绿化边坡

1. 适用范围

主要适用于变电（换流）站和山丘区输电线路开挖边坡和回填边坡的防护。

2. 工艺标准

（1）工程布置合理，符合设计或规范要求。

（2）工程结构稳定，堆放坡度较大时，有符合设计要求的钢索、加筋格栅或框格梁固定，生态袋材料符合设计要求，生态袋间缝隙用土填严。

（3）生态袋扎口带绑扎可靠，袋间连接扣连接牢固。

（4）袋内装种植土、草籽、有机肥拌和均匀，其种类和掺入量符合设计要求。

（5）封装和铺设符合设计要求。

（6）植生袋厚度不小于设计厚度的 10%。

（7）边坡坡比不陡于设计坡比。

（8）密实度不小于设计值。

（9）植被成活率不小于设计植被成活率。

3. 施工要点

（1）分析立地条件，根据坡体的稳定程度、坡度、坡长来确定码放方式和码放高度。

（2）对坡脚基础层进行适度清理，保证基础层码放平稳。

（3）根据施工现场土壤状况，在植生袋内混入适量弃渣，实现综合利用。

（4）从坡脚开始沿坡面紧密排列生态袋堆砌，铺设厚度一般按 200mm～400mm。植生袋有草籽面需在外面。码放中要做到错茬码放，且坡度越大，上下层植生袋叠压部分越大。

（5）生态袋之间以及植生袋与坡面之间采用种植土填实，防止变形、滑塌。

（6）生态袋袋内填充物不宜过满，一般装至植生袋容量的 70%～80%为宜。施工中注意对生态袋的保管，尤其注意防潮保护，以保证种子的活性。

（7）生态袋连接扣应形成稳定的内加固紧锁结构，以增加生态袋与生态袋之间的剪切力，加强生态袋系统整体抗拉强度。

（8）施工后立即喷水，保持坡面湿润直至种子发芽。

生态袋绿化边坡如图 3-13 所示。

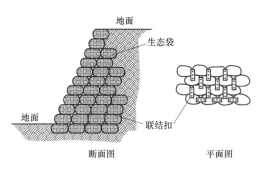
（a）

（b）

图 3-13　生态袋绿化边坡

（a）施工示意图；（b）现场实物图

3.4.4 植草砖护坡

1. 适用范围

主要适用于变电（换流）站开挖边坡和回填边坡的防护。

2. 工艺标准

（1）基面基础浮土、杂物及强风化层全部清除。

（2）基面表面平整，无弹簧土、裂缝、起皮及不均匀沉降现象。

（3）外观检查无缺陷。

（4）尺寸偏差预制构件不应有影响结构性能和安装、使用功能的偏差。

（5）基面清理过程中，坡面长、宽人工施工允许偏差 0mm～500mm，机械施工允许偏差 0mm～1000mm。

（6）基面边坡不陡于设计边坡。

（7）接缝凿毛处理符合设计要求。

3. 施工要点

（1）施工前先对边坡进行修整，清刷坡面杂质、浮土，填补坑凹，分拍，使坡面密实、平整、稳定。

（2）测量放样要结合边坡填筑高度，直线段间隔 20m、曲线段间隔 10m 放桩确定护坡坡率、护脚基坑开挖位置和深度。

（3）采用挂线法将边坡坡面按设计坡度刷平，坑洼不平部分填补夯实，合格后进行下道工序施工。

（4）护脚基坑开挖前用石灰撒出开挖边界，采用小型挖机配合人工进行开挖。基底设计高程以上 100mm 区域采用人工进行挖除。肋柱和护脚基坑按设计形式尺寸挂线放样，开挖沟槽。保证基坑开挖尺寸符合设计及相关规范要求。

（5）护坡的坡脚打桩、挂线，确定边坡混凝土预制块的坡面标高和线型。两肋柱之间坡面应自下而上铺设混凝土预制块，要求混凝土预制块组合成完整的拱形和排水沟，铺砌前，铺 100mm 厚砂砾反滤层，铺设时使用橡皮锤击打使预制块和坡面密贴。

（6）砌体砌筑完毕应及时覆盖，并经常洒水保持表面湿润，常温下养护期不得小于 7d。

（7）植草砖内宜根据当地气候区划选择适宜草型种植。

植草砖护坡如图 3–14 所示。

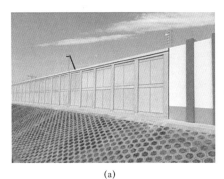

（a）   （b）

图 3–14　植草砖护坡

（a）变电站护坡；（b）线路护坡

3.4.5　客土喷播绿化护坡

1. 适用范围

主要适用于变电（换流）站开挖边坡和回填边坡的防护。

2. 工艺标准

（1）边坡坡度修正达到设计坡度，坡面无碎石、松土，无凹坑、坚凸物。

（2）挂网材料选择、施工工艺、结构尺寸符合设计要求，结构稳定，网块间搭接长度、网块与坡面间距符合设计要求，铺设平整，锚固稳定。

（3）喷播基材配置、基材厚度符合设计要求，喷施厚度均匀、完全覆盖坡面，挂网无裸露，无纺布完整覆盖。

（4）工程断面尺寸允许偏差±5%。

（5）边坡坡比不陡于设计坡比。

（6）绿化材料及成活率符合植草标准。

3. 施工要点

（1）边坡坡面基本平整，坡比不大于1:0.75，坡顶与自然边坡圆滑过渡。

（2）对于回填边坡，其填方土应压（夯）实，超填应削坡。

（3）边坡顶部安全包裹范围通常不得少于600mm，根据坡体的稳定性和安全性可适当加宽包裹坡头的距离。

（4）金属网铺设上下边缘整齐一致，纵向连接时，连接上下金属网的金属丝，应环环缠绕串联，不得遗漏一环。

（5）金属网横向连接时，两网重叠宽度不小于80mm。覆在上面的金属网边缘需要全部打结，不得遗漏。金属网连接处应平整，边缘无突起的网丝。

（6）锚杆前端呈切割斜面，弯头处呈"厂"形或"∩"形，弯头长度不小于30mm。使用"厂"形锚杆固定金属网时，锚杆沿网孔最上缘垂直钉入边坡，弯头朝坡头方向钉入边坡。使用"∩"形锚杆固定金属网时，锚杆开口向下沿网孔最上缘垂直钉入边坡。

（7）当同时固定两幅金属网时，应将两幅金属网的金属丝同时固定在锚杆的弯头内。在两幅金属网搭接处，锚杆需将两幅网的铁丝同时压住。在坡头包裹处固定金属网，锚杆以70°～80°角斜向钉入地面。

（8）钉入坡体的锚杆要牢固且稳定。当边坡形态起伏时，可在边坡起伏拐点处增设锚杆，以保证网体与坡体平行。边坡锚固后的金属网要松紧适度，一般在锚杆固定的中间拉起50mm～200mm距离者为适度。岩质边坡固定金属网，可借助电锤打眼，然后放入锚杆。

（9）沙土质边坡固定金属网，由于其松散不易固定，可用木桩钉入坡体加以固定，木桩长短根据边坡情况而定。

（10）根据边坡起伏特征试验确定均匀喷播技术方法。

（11）每条喷播后立即挂网遮阳。阴坡面挂单层遮阳网，阳坡面先铺无纺布再挂遮阳网。无纺布、遮阳网应完全牢固地覆盖边坡，喷播面不可有裸露。

客土喷播绿化护坡如图3-15所示。

（a）   （b）

图3-15　客土喷播绿化护坡

（a）客土喷播作业；（b）换流站大型绿化护坡

3.5　截　排　水　措　施

特高压工程截排水措施主要指设置截水沟和排水沟（管），截水沟是在坡面上修筑的拦截、疏导坡面径流，具有一定比降的沟槽工程；排水沟（管）是用于排除坡面、天然沟道或地面径流的沟槽或管道。截排水措施（设施）主要包括雨水排水管线、浆砌石截排水沟、混凝土截排水沟、生态截排水沟等。

3.5.1　雨水排水管线

1. 适用范围

主要适用于变电（换流）站运行期站区汇水的排除。

2. 工艺标准

（1）应该满足《防洪标准》GB 50201和《水土保持工程质量评定规程》

SL 336 的要求。

（2）管道的安装应平整牢靠。

（3）管道接口应光滑平整。

（4）雨水排水管道安装完成后表面光滑。

（5）无划痕及外力冲击破坏。

（6）雨水管道安装允许偏差为每米不大于 3mm。

3. 施工要点

（1）排水管一般用于雨水收集与排放，采取开沟埋设方式，可采用机械开挖，清底用人工方式。根据技术交底的管道管沟开挖宽度、在测量人员测放的管沟中线两侧放开挖边线。

（2）根据土质性质，由作业人员自行选择合适的开挖工具，开挖的土方可堆置在沟槽一侧，顶部苫盖防尘网或彩条布，堆土高度不宜超过 1.5m，且距槽边缘不宜小于 800mm。

（3）开挖应严格控制基底高程，不得扰动基底原状土层。基底设计标高以上 200mm～300mm 的原状土，应在铺管前用人工清理至设计标高。

（4）当遇超挖或基底发生扰动时，应换填天然级配砂石料或最大粒径小于 40mm 的碎石，并应整平夯实，其压实度应达到基础层压实度要求，不得用杂土回填。当槽底遇有尖硬物体时，必须清除，并用砂石回填处理。

（5）埋设前，需对原状土地基按设计要求进行处置。对一般土质，应在管底以下原状土地基上铺垫 150mm 中粗砂基础层；对软土地基，当地基承载能力小于设计要求或由于施工降水、超挖等原因，地基原状土被扰动而影响地基承载能力时，应按设计要求对地基进行加固处理，在达到规定的地基承载能力后，再铺垫 150mm 中粗砂基础层；当沟槽底为岩石或坚硬物体时，铺垫中粗砂基础层的厚度不应小于 150mm。

（6）管道安装前，宜将管节、管件按施工方案的要求摆放，摆放的位置应便于起吊及运送。起重机下管时，起重机架设的位置不得影响沟槽边坡的稳定。

（7）管道应在沟槽地基、管基质量检验合格后安装；安装时宜自下游开始，承口应朝向施工前进的方向。

（8）管节下入沟槽时，不得与槽壁支撑及槽下的管道相互碰撞；沟内运管不得扰动原状地基。

（9）合槽施工时，应先安装埋设较深的管道，当回填土高程与邻近管道基础高程相同时，再安装相邻的管道。

（10）管道安装时，应将管节的中心及高程逐节调整工正确，安装后的管节应进行复测，合格后方可按设计要求进行管节连接施工。

（11）管道安装时，应随时清除管道内的杂物，暂时停止安装时，两端应临时封堵。

（12）雨水排水管管道安装铺设完毕后应尽快回填，在回填过程中管道下部与管底之间的间隙应填实。

（13）管道与法兰接口两侧相邻的第一至第二个刚性接口或焊接接口，待法兰螺栓紧固后方可施工。

（14）管道安装完成后，应按相关规定和设计要求设置管道位置标识。

（15）在雨季或冬季作业时，若沟槽开挖好后不能马上敷设管道或进行管施工，应先预留100mm厚暂不挖去，待安装施工前再清理至设计高程。

（16）管道安装铺设完毕后应尽快回填，在回填过程中管道下部与管底之间的间隙应填实。

雨水排水管线如图3-16所示。

| (a) | (b) |

图3-16　雨水排水管线

（a）排水沟道；（b）雨水井

3.5.2 浆砌石截排水沟

1. 适用范围

主要适用于变电（换流）站和山丘区输电线路运行期坡面来水的拦截、疏导和场内汇水的排除。

2. 工艺标准

（1）基础开挖定位、定线符合设计要求。

（2）基础开挖工程量应符合设计要求。

（3）砌体砌筑工程量应符合设计要求。

（4）砌石砌筑石料规格、砂浆强度符合设计要求，铺浆均匀、灌浆饱满、石块紧靠密实。

（5）沟渠坡降符合设计要求。

（6）砌体抹面均匀无裂隙。

（7）散水面符合设计和实际要求，避免冲刷边坡。

（8）基面处理方法、基础断面应符合设计要求。

（9）砌体断面尺寸应符合设计要求。

3. 施工要点

（1）排水沟一般采用人工开挖，排洪沟可采用机械开挖。开挖时将表土剥离集中堆存或装袋堆存，将余土运至集中堆存处按照土地整治要求处理。沟槽开挖至设计尺寸，不能扰动沟底及坡面土层，不允许超挖。开挖结束后清理沟底残土。开挖沟底顺直，平纵面形态圆顺连接，沟底顺坡平整。

（2）截排水沟采用挤浆法分层砌筑，工作层应相互错开，不得贯通，砌筑中的三角缝不得大于 20mm。在砂浆凝固前将外露缝勾好，勾缝深度不小于20mm，若不能及时勾缝，则将砌缝砂浆刮深 20mm 为以后勾缝做准备。所有缝隙均应填满砂浆。

（3）沟底砂砾垫层摊铺厚度约 150mm～250mm，并进行平整压实。

（4）伸缩缝和沉降缝设在一起，缝宽 20mm，缝内填沥青麻丝。

（5）勾缝一律采用凹缝，勾缝采用的砂浆强度 M7.5，砌体勾缝嵌入砌缝 20mm 深，缝槽深度不足时应凿够深度后再勾缝。每砌好一段，待浆砌砂浆初凝后，用湿草帘覆盖，定时洒水养护，覆盖养护 7d～14d。养护期间避免外力碰撞、振动或承重。

浆砌石截排水沟如图 3-17 所示。

图 3-17　浆砌石截排水沟

3.5.3　混凝土截排水沟

1. 适用范围

主要适用于变电（换流）站和山丘区输电线路运行期坡面来水的拦截、疏导和场内汇水的排除。

2. 工艺标准

（1）基础开挖定位、定线符合设计要求。

（2）基础开挖工程量应符合设计要求。

（3）砌体砌筑工程量应符合设计要求。

（4）砌石砌筑石料规格、砂浆强度符合设计要求，铺浆均匀、灌浆饱满、石块紧靠密实。

（5）沟渠坡降符合设计要求。

（6）砌体抹面均匀无裂隙。

（7）散水面符合设计和实际要求，避免冲刷边坡。

（8）基面处理方法、基础断面应符合设计要求。

（9）砌体断面尺寸应符合设计要求。

3. 施工要点

（1）沟槽开挖完成后，先行进行垫层混凝土浇筑。

（2）混凝土浇筑前进行支模，一般采用木模板，模板尺寸满足设计要求。混凝土浇筑达到一定强度后方可拆模，模板拆除后应及时清理表面残留物，进行清洗。

（3）混凝土捣固密实，不出现蜂窝、麻面，同时注意设置伸缩缝，伸缩缝可采用沥青木板。

（4）垫层及底板混凝土浇筑后立即铺设塑料薄膜对混凝土进行养护，沟壁混凝土拆模后立即用塑料薄膜将沟壁包裹好进行养护，养护时间不少于 7d。

混凝土截排水沟如图 3-18 所示。

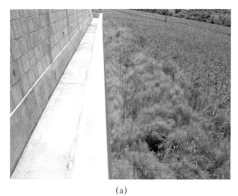 

| (a) | (b) |

图 3-18　混凝土截排水沟

（a）变电站截排水沟；（b）线路截排水沟

3.5.4 生态截排水沟

1. 适用范围

主要适用于变电（换流）站和山丘区输电线路运行期坡面来水的拦截、疏导和场内汇水的排除。

2. 工艺标准

（1）沟渠的布局走向符合设计要求。

（2）沟渠的结构型式符合设计要求。

（3）沟渠表面平整，无明显凹陷和侵蚀沟，有按设计布设的生态防护工程。

（4）底宽度、深度允许偏差±5%；土沟渠边坡系数允许偏差±5%。

（5）沟渠填方段渠身土壤密实度不小于设计参数，断面尺寸不小于设计参数的±5%。

（6）沟渠表面平整度不大于100mm。

3. 施工要点

（1）水沟底部防渗：用混凝土、砂浆、碎石等材料对水沟底部进行防水加固，厚度20mm～50mm，碎石可铺在三维网之上。是否需要加固水沟底部，视工程实际情况（地质、土壤、纵坡等）而定。

（2）铺装三维网：沿水流方向向下平贴铺装，不得有皱纹和波纹，水沟顶端预留200mm用于三维网的固定，三维网底部也需固定。

（3）植生袋的铺装：按照设计尺寸分层码放植生袋，植生袋与坡面及植生袋层与层之间用锚杆固定。

（4）生态砖的铺装：码放时植草的一端向外，层与层之间用水泥砂浆黏结。在平地培育植物，待植物长到一定高度后码放生态砖效果更佳。

生态截排水沟如图3-19所示。

图 3-19 生态截排水沟

3.6 土地整治

特高压工程土地整治主要是指因工程开挖、填筑、取料、弃渣、施工等活动破坏的土地，以及工程永久征地内的裸露土地，在植被建设、复耕之前应进行平整、改造和修复，使之达到可利用状态的水土保持措施。

土地整治措施（设施）主要包括全面整地、局部整地。

3.6.1 全面整地

1. 适用范围

主要适用于变电（换流）站围墙外扰动区、塔基施工扰动区、牵张场施工扰动区等平地的耕地复耕，林草地复垦等。

2. 工艺标准

（1）满足《生产建设项目水土保持技术标准》GB 50433 和《土地利用现状分类》GB/T 21010 的要求。

（2）全面整地一般采用机械整地，可视整地面积、进场道路情况采用大型旋耕机和小型旋耕机。

（3）整地前应将混凝土渣、碎石等障碍物清除。

（4）整地后的地形应与耕地、水田、梯田、林草地等原地类一致。

3. 施工要点

（1）塔基、牵张场、变电站外扰动区、施工道路等原地类为耕地时，可采用旋耕机将板结的原状土翻松，来回翻松不少于 2 次，按农作物种类选取合适翻耕深度，一般为 500mm 左右。翻松结束，使用平地机整平。自然晾晒结块的土壤松散后按照旱地、水田等不同需求起垄或造畦。

（2）采用全面整地的变电站草坪种植区、塔基区、施工临时道路区，可采用旋耕机方式将表层土壤翻松，翻耕深度一般为 300mm 左右。翻耕后自然晾晒，按照草坪、草地、林地等不同需求进行造林（种草）整地。

（3）表层种植土被剥离的区域，应先将种植土摊铺，摊铺厚度应与剥离厚度相等，一般为 300mm～600mm。摊铺厚度超过 300mm 时，可分两层摊铺。摊铺后用旋耕机将种植土翻耕拌和。然后用平地机整平，整平后的地面应高于原始地面 100mm 左右。

全面整地如图 3-20 所示。

(a)   (b)

图 3-20 全面整地

（a）张牵场机械平整；（b）输电线路塔基耕地恢复

3.6.2 局部整地

1. 适用范围

局部整地分为带状和块状(或穴状)整地两类。带状整地主要适用于塔基施工扰动区、永久占地余土及表土回覆区等坡度不大于15°整的坡面和阶梯式平台面。块状(或穴状)整地主要适用于塔基施工扰动区、材料堆放扰动区等坡度大于15适的坡面。

2. 工艺标准

（1）满足《生产建设项目水土保持技术标准》GB 50433 和《土地利用现状分类》GB/T 21010 的要求。

（2）局部整地一般采用小型机械整地和人工整地，可视整地面积、进场道路情况采用合适小型旋耕机。

（3）塔基扰动区、施工道路扰动区的局部整地应结合自然坡度，采取合适的带状整地。

（4）塔基及其附近等余土堆土区的局部整地应结合拦渣措施、表土回覆措施采取合适的带状整地方式。

（5）坡度超过 15°的扰动区应采用合适的块状(或穴状)整地方式。

3. 施工要点

（1）扰动区带状整地。

1）小于 15°的扰动区坡面可采取竹节式带状整地方式。沿坡面等高线设置不垦带，不垦带间距 2m～4m、宽度约 0.5m。复垦区使用小型旋耕机翻 松土壤，翻耕深度 100mm～300mm，不垦带培土后高出地面 200mm 左右，形成竹节式地形，保证蓄水和阻止径流效果。

2）原始地形为梯田的扰动区可采取阶梯式带状整地方式。反坡梯田的平台面应在平台面上成倒坡，坡度 1 始～2 始，平台面可使用小型旋耕机翻松土壤；

坡式梯田可在平台坡面翻耕后沿等高线起长条垄。应查看梯田台阶的稳固性，必要时可采用植生袋制作生态挡墙稳固台阶。

（2）堆土区带状整地。

1）坡度小于 5° 的塔基可将余土直接摊平在塔基永久占地范围内，上层覆盖 100mm 厚种植土满足撒播种草需求。种植土数量较少时，可在摊平的余土上垂直水径流方向开条形沟槽，将种植土回填到沟槽中满足条播条件。开槽宽度 80mm～120mm、深度 60mm～120mm、行距 200mm～400mm 左右。

2）坡度 5°～10° 的塔基可将余土直接摊平在塔基永久占地范围内，在下坡脚用植生袋制作生态挡墙挡土。生态挡墙厚度 0.2m～0.8m，高度 1.32m。挡墙基底需铲平，底袋子横纵布置增加稳固性，厚度下大上小，挡土侧垂直。余土回铺堆存于挡墙上坡侧，余土距墙顶 200mm～300mm、上层覆盖 100mm 厚种植土，种植土距墙顶 50mm。种植土数量较少时，可将余土回铺堆存距墙顶 50mm，在摊平的余土上垂直水径流方向开条形沟槽，将种植土回填到沟槽中满足条播条件。平台面上应成倒坡，坡度 1 台～2 台。

3）坡度 10°～15° 的塔基可将余土直接摊平在塔基永久占地范围内，在下坡脚用浆砌石制作挡墙，堆存余土、回覆表土、整地后恢复植被。

4）坡度 15°～25° 的塔基不宜将余土在塔基内就地存放。应在塔基外合适坡面先修筑浆砌石挡墙，再将余土在挡墙内堆存，回覆表土、整地后恢复植被。

5）坡度大于 25° 的塔基须将余土外运至山下综合利用。

（3）扰动区块状整地。

1）坡度小于 15° 的扰动区可采取条状整地，沿着等高线开槽，形成水平阶梯。开槽宽度 80mm～120mm、深度 60mm～120mm、行距 200mm～400mm 左右。表层腐殖土收集装袋或铺垫堆存，生土置于沟槽下坡边沿，拍实形成土埂；表土回填于槽内作为植物生长基质。

2）鱼鳞坑整地。15°～45° 的坡地可采取鱼鳞坑整地，一般与造林整地同时进行。沿坡地等高线定点挖穴，穴间距 2m～4m，穴半径 0.5m～1m 左右，深度 300mm～500mm 左右。表层腐殖土收集装袋或铺垫堆存，生土置于穴下坡边沿，拍实形成半月形土埂；表土回填于槽内作为植物生长基质，回填土的上坡坑内留出蓄水沟。

3）穴状整地。一般结合造林整地同时进行穴状整地时，根据乔木、灌木等树种不同挖穴深度 300mm～500mm 左右，直径 0.5m～1m 左右，乔木株距约 2m～4m，灌木株距 0.5m～1m。挖树坑四周要垂直向下，直到预定深度，不要挖成上面大、下面小的锅底形。平地种草采取穴状整地时，根据混播草种配置情况挖穴深度可在 200mm～300mm 左右，株距 0.3m～0.5m。表层腐殖土收集装袋或铺垫堆存，生土置于穴边沿，拍实形成圆形土埂；表土回填于槽内作为植物生长基质，回填土低于天然地面。

穴状整地如图 3-21 所示。

图 3-21　穴状整地

3.7　防 风 固 沙

特高压工程通常采用工程固沙和植物固沙措施。工程固沙一般采用沙障作为固沙和阻沙治理措施，实现对容易引起土地沙化、荒漠化的扰动区域防风固沙、涵养水分的目的。沙障主要采用草、柴以及石等材料，在沙面上设置各种形式的障蔽物，达到防风固沙、阻沙，改变风的作用力及微地貌状况等目的。植物固沙一般结合工程固沙措施，利用植物根系固定地面砂砾，利用植物枝干阻挡风蚀，减缓和制止沙丘流动。主要采用种草固沙和植树固沙。

防风固沙措施（设施）主要包括工程固沙和植物固沙。

3.7.1 工程固沙

1. 适用范围

主要适用于变电（换流）站和输电线路施工期后扰动地表沙地治理。

2. 工艺标准

（1）满足《水土保持工程设计规范》GB 51018 的要求。

（2）应该形成 1.0m×1.0m 的网格。

（3）整体效果应该达到设计要求。

3. 施工要点

（1）草方格沙障。

1）放线开槽。依据设计规格进行放线。采用人工或机械方式开槽，槽深 100mm 左右。开槽时，沿沙丘等高线放线设置纬线，沿垂直等高线方向设置经线。施工时，先对经线进行施工，再对纬线进行施工。

2）材料铺放：将稻草或麦秸秆垂直平铺在样线上，组成完整闭合的方格，铺设麦草厚度约为 20mm～30mm。

3）草方格布设：按照要求铺设好稻草（麦草）后，用方形扁铲放在稻草（麦草）中央并用力下压，使稻草（麦草）两端翘起，中间部位压入沟槽中。稻草（麦草）中间部位入沙深度约 100mm，同时稻草（麦草）两端翘起部分高出地面约 500mm。用沟槽两边的沙土稻草（麦草）埋住、踩实。由此完成局部草方格沙障铺设任务，依次类推，完成整个沙障施工铺设任务。

4）围栏防护。草方格沙障施工完毕，应用铁丝网围栏防护，防止稻草（麦草）被牛羊啃食破坏。

5）草方格沙障多在草、沙结合点积累土壤，风吹草籽可成活自然恢复植被，一般不需人工种植草籽。

草方格沙障如图 3-22 所示。

图 3-22　草方格沙障

（2）柴草（柳条）沙障。

1）平铺式柴草（柳条）沙障施工。

依据设计规格进行放线。带状平铺式沙障的走向垂直于主风带宽0.6m～1.0m，带间距 4m～5m。将覆盖材料铺在沙丘上，厚 30mm～50mm。上面需用枝条横压，用小木桩固定，或在铺设材料中线上铺压湿沙，铺设材料的梢端要迎风向布置。

2）直立式柴草（柳条）沙障施工。

a. 高立式：在设计好的沙障条带位上，人工挖沟深 200mm～300mm，将柳条（杨条）切割每根 700mm 左右长，按放线位置插入沙中，插入深度约 200mm，扶正踩实，填沙 200mm，沙障材料露出地面 0.5m～1.0m。

b. 低立式：将低立式沙障材料按设计长度顺设计沙障条带线均匀放置线上，埋设材料的方向与带线正交，将柳条（杨条）切割每根 400mm 左右长，按放线位置插入沙中，插入深度约 200mm，露出地面约 200mm，基部培沙压实。

　　沙障建成后，要加强巡护，防止人畜破坏。机械沙障损坏时，应及时修复；当破损面积比例达到 60% 时，需重新设置沙障。重设时应充分利用原有沙障的残留效应，沙障规格可适当加大。柴草沙障应注意防火，柳条沙障应注意适时浇水。

　　沙障如图 3-23 所示。

（a）　　　　　　　　　　　　　　　（b）

图 3-23　沙障照片

（a）柴草沙障；（b）柳条沙障

　　（3）石方格沙障。

　　1）放线。依据设计规格进行放线。

　　2）带状方格平铺式沙障施工。带的走向垂直于主风带宽 0.6m～1.0m，带间距 4m～5m。将碎石铺在沙丘上，厚 30mm～50mm。覆盖材料主要为碎石、卵石等。

　　3）全面平铺式沙障施工。适用于小而孤立的沙丘和受流沙埋压或威胁的变电站和塔基四周。将碎石在沙丘上紧密平铺，其余要求与带状平铺式相同。

　　4）采用石方格沙障时，周边多为无植被地带，一般不采用植物固沙。

　　石方格沙障如图 3-24 所示。

图 3-24　石方格沙障

3.7.2　植物固沙

1. 适用范围

主要适用于变电（换流）站和输电线路施工期后扰动地表沙地治理。

2. 工艺标准

（1）植物固沙一般结合工程固沙措施，利用植物根系固定地面砂砾，利用植物枝干阻挡风蚀，减缓和制止沙丘流动。主要采用种草固沙和植树固沙。

（2）需采用植物长期固沙措施时，一般选用本地耐旱草种、树种，在草方格、柴方格沙障配合下种植。

（3）应选在雨季或雨季前进行种植，适当采取换土、浇水抚育措施。

3. 施工要点

（1）种草固沙施工工艺应符合下列规定：

1）草方格施工时，在纬线背风面草和槽留出间隙，将剥离或外运腐殖土、外运腐殖土填入槽内，作为种草植生基质。

2）选用芨芨草、沙打旺、草木樨等耐旱草籽形成混播配方，采取条播方式播种，覆盖腐殖土后再覆盖沙土。

3）利用自然降水抚育或浇水抚育。

（2）种树固沙施工工艺应符合下列规定：

1）低洼地带或地下水较丰富的沙地，选用耐寒、易活的红柳制作柴方格沙障。

2）将红柳根部插入沙地，适当抚育保证成活率。

3）其他不能成活的柴方格内，可挖穴换腐殖土，采取穴播方式种植樟子松、沙棘等耐旱树种。

种草固沙如图 3-25 所示。

图 3-25　种草固沙

3.8　降　水　蓄　渗

降水利用与蓄渗工程主要是对工程建设区域内原有良好天然集流面、增加的硬化面（坡面、地面、路面）形成的雨水径流进行收集，并用以蓄存利用或入渗调节而采取的工程措施。特高压工程建设中采用的降水利用与蓄渗工程通常包括雨水蓄水工程和透水工程两部分内容。

降水蓄渗措施（设施）主要包括雨水蓄水池、透水砖、植草砖、碎石压盖。

3.8.1 雨水蓄水池

1. 适用范围

主要适用于变电（换流）站站区排水和蓄水。

2. 工艺标准

（1）满足《水土保持工程设计规范》GB 51018 和《防洪标准》GB 50201 的要求。

（2）池体结构及材料。蓄水池池体结构形式多为矩形或网形，池底及边墙可采用浆砌石、素混凝土或钢筋混凝土结构。浆砌石或砌砖结构的表面宜采用水泥砂浆抹面。修建在寒冷地区的蓄水池，地面以上应覆土或采取其他防冻措施。

（3）地基基础。蓄水池底板的基础不允许坐落在半岩基半软基或直接置于高差较大或破碎的岩基上，要求有足够的承载力，平整密实，否则须采用碎石（或粗砂）铺平并夯实。土基应进行翻夯处理，深度不小于 400mm。

（4）蓄水池构造。池体包括池底和池墙两部分。池底多为混凝土浇筑，混凝土标号不低于 C15，容积小于 100m³ 时，护底厚度宜为 100mm～200mm；容积不小于 100m³ 时，护底厚度宜为 200mm～300mm。池墙通常采用砖、条石、混凝土预制块浆砌，水泥砂浆抹面并进行防渗处理，池墙厚度通过结构计算确定，一般为 200mm～500mm。当蓄水池为高位蓄水池时，出水管应高于池底 300mm，以利水体自流使用，同时在池壁正常蓄水位处设溢流管。

3. 施工要点

（1）基础处理。施工前应首先了解地质资料和土壤的承载力，并在现场进行坑探、试验。如土基承载力不够时，应根据设计提出对地基的要求，采取加固措施，如扩大基础，换基夯实等措施。

（2）池墙砌筑。池墙采用的各种材料质量应满足有关规范要求。浆砌石应采用坐浆砌筑，不得先干砌再灌缝。池墙砌筑时要沿周边分层整体砌石，不可分段分块单独施工，以保证池墙的整体性。池墙砌筑时，要预埋（预留）进、出水管（孔），在出水管处要做好防渗处理。防渗止水环要根据出水管材料或设计要求选用和施工。

（3）池墙、池底防渗。池底混凝土浇筑好后，要用清水洗净清除尘土后即可进行防渗处理，防渗措施多种多样。可采用水泥加防渗剂作为池墙和池底防渗材料，也可喷射防渗乳胶。

（4）附属设施安全施工。蓄水池的附属设施包括沉沙池、进水管、溢水管、出水管等。

雨水蓄水池如图 3-26 所示。

图 3-26　雨水蓄水池

3.8.2　生态砖、透水砖

1. 适用范围

主要适用于变电（换流）站站区排水蓄水。

2. 工艺标准

（1）设计标准。透水铺装地面最低设计标准为 2 年一遇 60min 暴雨不产生径流。

（2）透水铺装地面结构设计。

1）路面结构。透水人行道路面结构总厚度应满足透水、储水功能的要求。厚度计算应根据该地区的降雨强度、降雨持续时间、工程所在地的土基平均渗透系数、透水铺装地面结构层平均有效孔隙率进行计算。透水砖铺装地面结构一般由面层、找平层、基层、垫层等部分组成。

2）路面结构层材料。面层材料可选用透水砖、多孔沥青、透水水泥混凝土等透水性材料，透水铺装厚度计算应根据该地区的降雨强度、降雨持续时间、工程所在地的土基平均渗透系数、透水铺装地面结构层平均有效孔隙率进行计算，应同时满足相应的承载力、抗冻胀等。

找平层可以采用干砂或透水干硬性水泥中砂、粗砂等，其渗透系数应大于面层渗透系数，厚度宜为 20mm～50mm。

基层应选用具有足够强度、透水性能良好、水稳定性好的材料，推荐采用级配碎石、透水水泥混凝土、透水水泥稳定碎石基层，其中级配碎石基层适用于土质均匀、承载能力较好的土基，透水水泥混凝土、透水水泥稳定碎石基层适用于一般土基。设计时基层厚度不宜小于 150mm。

垫层材料宜采用透水性能较好的中砂或粗砂，其渗透系数应大于面层渗透系数，厚度宜为 40mm～50mm。

3. 施工要点

（1）面层开挖施工要点。

1）透水性地面铺设的施工工序为：面层开挖、基层铺设、透水垫层施工、找平层铺设、透水面层施工、清扫整理、渗透能力确认。

2）基础开挖应达到设计深度，并将原土层夯实，基层纵坡、横坡和边线应符合设计要求。

3）透水垫层采用连续级配砂砾料垫层、单级配砾石垫层等透水性材料。连续级配砂砾料垫层粒径 5mm～40mm，无粗细颗粒分离现象，碾压压实，压实系数应大于 65%；单级配砾石垫层粒径 5mm～10mm，含泥量不应大于 2%，泥块不大于 0.7%，针片状颗粒含量不大于 2%，夯实后现场干密度应大于最大干密度的 90%。

4）找平层宜采用粗砂、细石、细石透水混凝土等材料。粗砂细度模数宜大于 2.6，细石粒径为 3mm～5mm；单级配时粒径 1mm 以下颗粒体积比含量不大于 35%；细石透水混凝土宜采用粒径为 3mm～5mm 的石子或粗砂，其中含泥量不大于 1%，泥块不大于 0.5%，针片状颗粒含量不大于 10%。

（2）铺装施工工艺。

1）透水面砖抗压强度应大于 35MPa，抗折强度应大于 3.2MPa，渗透系数应大于 0.1mm/s，磨坑长度不应大于 35mm。在北方有冰冻地区，冻融循环试验应符合相关标准的规定；铺砖时应用橡胶锤敲打稳定，但不得损伤砖边角，铺砖平整度允许偏差不大于 5mm，铺砖后养护期不得少于 3d。

2）透水碎石压盖。使用直径 30mm～50mm 的碎石在裸露地表进行覆盖，防止风吹落地的林草种子落地生长；再铺设 80mm～100mm 厚的碎石进行压盖。

3）透水混凝土应有较强的透水性，孔隙率不应小于 20%；每隔 30m² ～40m² 设一接缝，养护后灌注接缝材料。

生态砖、透水砖如图 3-27 所示。

图 3-27　生态砖、透水砖

3.8.3 碎石覆盖

1. 适用范围

主要适用于变电站（换流站）站区排水蓄水。

2. 工艺标准

（1）满足《水土保持工程设计规范》GB 51018 的要求。

（2）碎石覆盖地基稳定且已夯实、平整。

（3）碎石表层应密实、上表面应平整。

3. 施工要点

碎石压盖是用直径 30mm～50mm 的碎石在裸露地表进行覆盖。覆盖前，先对地表进行平整、压实，平整地面坡度小于 1°～2°。再铺设 10mm～20mm 的石灰粉（适用于变电站），防止风吹落地的林草种子落地生长；再铺设 80mm～100mm 厚的碎石进行压盖。

碎石覆盖如图 3-28 所示。

图 3-28　碎石覆盖

3.9 植 被 恢 复

植被恢复工程是特高压工程水土保持防治措施体系中优先采用的措施，它通过林草植被对地面的覆盖保护作用、对降雨的再分配作用、对土壤的改良作用以及植被根系对土壤的强大固结作用来防治水土流失。

植被恢复措施（设施）主要包括造林（种草）整地、造林、种草。

3.9.1 造林（种草）整地

1. 适用范围

主要适用于变电（换流）站和输电线路施工期后扰动地表植被恢复前的整地。

2. 工艺标准

（1）造林（种草）整地的方式应结合地貌、地形确定，应做到保墒、减小雨水冲刷和土壤流失、利于植被成活。

（2）造林（种草）的整地方式包括全面整地和局部整地等方式。

局部整地包括阶梯式整地、条状整地、穴状整地、鱼鳞坑整地等。条状整地、穴状整地可用于条播、穴播种草，开槽、挖穴后填入表土，播撒草籽后覆盖表土压实。穴状整地、鱼鳞坑整地可用于造林，挖穴后填入表土，植入树木、灌木。阶梯式整地，一般用于撒播种草，翻松、耙平表土后撒播草籽，再覆盖表土后略微压实，也可在整地基础上，挖穴进行造林。

（3）原地类为耕地的，整地方式一般为全面整地，对表层土壤采取翻耕达到农作物生长条件；原地类为草地的，整地方式一般为全面整地或局部整地，坡地的局部整地可条状整地和穴状整地；原地类为林地的，整地方式一般为局部整体，可采取穴状整地。

3. 施工要点

（1）全面整地施工工艺应符合下列规定：

1）塔基、张牵场等处于耕地时，可采用机械翻耕全面整地。翻耕深度一般为 200mm～250mm，按农作物种类选取合适深度。

2）采用全面整地的变电站草坪种植区、塔基区、施工临时道路区，可采用机械方式将表层土壤翻松，翻耕深度 100mm～200mm。

3）采用带状整地的坡地塔基，可采用人工方式整地，用钉耙将表层土壤翻松，翻耕深度可 50mm～100mm。翻松及耙平表土后撒播草籽，再覆盖表土后略微压实。

（2）局部整地施工工艺应符合下列规定：

1）穴状整地。适用于低山丘陵区、丘陵浅山区。根据乔木、灌木等树种不同挖穴深度 300mm～500mm，直径 0.5m～1m，乔木株距 2m～4m，灌木株距 0.5m～1m，沿等高线，上下坑穴呈品字形排列。挖树坑四周要垂直向下，直到预定深度，不要挖成上面大、下面小的锅底形。表层腐殖土收集装袋或铺垫堆存于上坡位，生土置于下坡边沿，拍实形成圆形土埝；表土回填于槽内作为植物生长基质，回填土低于天然地面。

2）鱼鳞坑整地。15°～45° 的坡地可采取鱼鳞坑整地，适用于石质山地、黄土丘陵沟壑区坡面。沿坡地等高线定点挖穴，穴间距 2m～4m，穴长径 0.8m～1.2m，短径 0.5m～1m，深度 300mm～500mm。鱼鳞坑土埝高 150mm～200mm，表层腐殖土收集装袋或铺垫堆存于上坡位，生土置于穴下坡边沿，拍实形成半月形土埝；表土回填于槽内作为植物生长基质，回填土的上坡坑内留出蓄水沟。

3）水平沟整地。沿等高线带状挖掘灌木种植沟。适用于土石山区、黄土丘陵沟壑区坡度小于 30° 边坡坡面。沟呈连续短带状(沟间每隔一定距离筑有横埝)，或间隔带状。断面一般呈梯形，上口宽 0.5m～1m，沟底宽约 0.3m，沟深 0.3m～0.5m，沟长 2m～6m，两沟距 2m～2.5m，沟外侧用心土筑埝，表土回填于槽内作为植物生长基质。

4）阶梯式整地。通常结合山丘区塔基的高低腿高差进行整地，沿等高线里切外垫，做成阶面水平或稍向内倾斜的反坡，阶宽通常为 1.0m～1.5m，阶长视地形而定，阶外缘培修20cm 高的土埂，上下阶面高差1m～2m，坡度小于35°。

5）条状整地。5°～15°的坡地可采取条状整地，沿坡地等高线画线开槽，开槽宽度 80mm～120mm、深度 60mm～120mm、行距 200mm～400mm。表层腐殖土收集装袋或铺垫堆存，生土置于沟槽下坡边沿，拍实形成土埂；表土回填于槽内作为植物生长基质。

鱼鳞坑造林（种草）整地如图 3 – 29 所示。

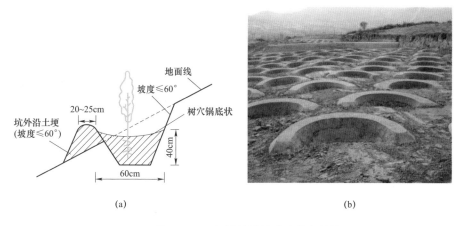

图 3 – 29　鱼鳞坑造林（种草）整地
（a）鱼鳞坑造林（种草）整地示意图；（b）鱼鳞坑整地实物图

3.9.2　造林

1. 适用范围

主要适用于变电（换流）站和输电线路施工期后扰动地表植被恢复。

2. 工艺标准

（1）满足《造林技术规程》GB/T 15776 的要求。

（2）树种应选择当地耐旱、易成活树种，苗木规格可选用幼苗，质量等级二级以上（苗木等级划分中根据苗木地径和苗高等几个质量标准将苗木分为三级，一、二级苗为合格苗，可出圃造林），宜在当地苗圃购买，并要有"一签、三证"，并根系完好，树种及密度符合设计要求，苗木应栽正踩实。

（3）苗木采购、运输、栽植中要做到起苗不伤根、运苗不漏根（防止风吹日晒）、清水催根（栽前放在清水中浸泡 2d～3d）、栽苗不窝根，分层填土踩实，要求幼苗成活率达到 85% 以上。

（4）年均降水量大于 400mm 地区或灌溉造林，造林成活率不应小于 85%；年均降水量小于 400mm 地区，造林成活率不应小于 70%。

（5）郁闭度要达到设计要求。

3. 施工要点

（1）变电站绿化区、施工临时道路可种植乔木造林；塔基区原地貌为林地的宜种植灌木造林。降水量大于 400mm 的区域，可种植乔木；降水量为 250mm～400mm 的区域，应以灌木为主；降水量在 250mm 以下的区域，应以封禁为主并辅以人工抚育。

（2）树种应选择当地耐旱、易成活树种，郁闭度要达到设计要求。苗木规格可选用幼苗，质量等级二级以上（苗木等级划分中根据苗木地径和苗高等几个质量标准将苗木分为三级，一、二级苗为合格苗，可出圃造林），宜在当地苗圃购买，并要有"一签、三证"并根系完好，树种及密度符合设计要求，苗木应栽正踩实。

（3）苗木采购、运输、栽植中要做到起苗不伤根、运苗不漏根(防止风吹日晒)、清水催根（栽前放在清水中浸泡 2d～3d）、栽苗不窝根。分层填土踩实，要求幼苗成活率达到 85％以上。

（4）通常选择春季造林，适宜我国大部分地区。春季造林应根据树种的物候期和土壤解冻情况适时安排造林，一般在树木发芽前 7d～10d 完成。南方造林，土壤墒情好时应尽早进行；北方造林，土壤解冻到栽植深度时抓紧造林。

（5）种植乔木、灌木施工工艺应符合下列规定：

1）无土球树木种植。可采用"三埋两踩一提苗"种植方法：先往树坑里埋添一些细碎壤土（一埋），放入树苗，再埋添一些土壤（二埋），土量要没过树根，然后上提一下苗木（一提苗），使树根舒展开来，保持树的原深度线和地面相平，踩实土壤（一踩），再埋入土壤至和地面相平（三埋），踩实（二踩）。

2）带土球树木种植。先埋添少量细碎壤土，放入土球，土球上部略低于地面即可，然后埋土，边埋边捣实土球四周缝隙，注意不要弄碎土球。

3）制作围堰。树栽好以后，在贴近树坑四周修一条高 200mm～400mm 的围堰，边培土边拍实。

4）立支架。变电站种植大树或常绿树，要设立支架，防止新栽树倒伏。较小的树一根木棍即可，大树要三根木根 120°角支撑。木棍下方要埋入土中固定。

5）浇水。围堰修好后即可浇水，往围堰中先加入水，待水渗下后，对歪斜树扶正填实，二次把水加满围堰即可。降水量在 250mm 以下区域，应在围堰范围采取覆盖塑料薄膜减少蒸发、定期浇水等人工抚育措施。

种植乔木、灌木如图 3－30 所示。

(a)　　　　　　　　　　　　　　　(b)

图 3－30　种植乔木、灌木

（a）种植乔木；（b）种植灌木植被恢复效果

3.9.3 种草

1. 适用范围

主要适用于变电（换流）站和输电线路施工期后扰动地表植被恢复。

2. 工艺标准

（1）草籽宜选用当地草种，应采取 2～3 种多年生草种混播。小于 250mm 降水量区域，应采取多种草籽的混播配方（见附录）保证群落配置和覆盖度。

（2）草籽质量等级标准应为一级，播种密度应符合设计要求。

（3）平地可采取撒播种草，坡地可采取条播种草和穴播种草。播种深度和覆土厚度应适宜，播后需镇压。

（4）高原草甸可将剥离的草皮回铺，变电站也可采用草皮回铺恢复植被。

（5）覆盖度要达到设计要求。

3. 施工要点

（1）适用于平地或坡度小于 15° 的缓坡。

（2）对施工场地翻耕松土、进行平整和坡面整修。

（3）人工种子提前浸泡 8h 以上，播撒草种，覆盖熟土、耙平后适当拍压。

（4）铺设无纺布保持水分（雨季无需覆盖）。

（5）采用人工浇水，开展苗期养护。

（6）旱季节播种时，土面需要提前浇水再撒播，采用喷灌抚育或滴灌抚育方式。

（7）播种草籽施工工艺应符合下列规定：

1）撒播种草。将混播草种拌和均匀，大范围手工或机械施撒草种于耙松的腐殖土内，施撒量要满足设计要求；耙平土壤保证草种覆土约 10mm，用竹笤帚适当拍压。

2）条播种草。将混播草种拌和均匀，手工施撒草种于沟槽内耙松的腐殖土（或植生基质）内，施撒量要满足设计要求；覆盖土壤保证草种覆土约 10mm，适当踩压。

3）穴播种草。将混播草种拌和均匀，手工施撒草种于穴内耙松的腐殖土（或植生基质）内，施撒量要满足设计要求；覆盖土壤保证草种覆土约 10mm，适当镇压。

4）保墒措施。蒸发量较大区域，可铺设无纺布、椰丝毯或生态毯对播种区覆盖，紧贴坡面及种植沟形成集水凹区，用石块压实保墒。

5）浇水抚育。播种后浇水抚育一次，之后可利用自然降水抚育。未到降水期时，可灌溉 2 次～3 次，以满足草籽初期生长需要，灌溉时间不宜超过 5d。干旱季节播种时，土面需要提前浇水，再撒播，可采用喷灌方式。

6）如果成活率较低要及时补植。

种草如图 3-31 所示。

(a)   (b)

(c)   (d)

图 3-31 种草

（a）机械翻耕松土；（b）人工播撒草籽；（c）条播无纺布保墒；（d）混播草种恢复效果

附录A 法律法规及制度规范

A.1 法律、法规

A.1.1 法律依据

（1）《中华人民共和国环境保护法》（2015年1月1日起修订版施行）；

（2）《中华人民共和国环境影响评价法》（2003年9月1日起施行，2018年12月29日起修正版施行）；

（3）《中华人民共和国环境噪声污染防治法》（1997年3月1日起施行，2022年6月5日起修改版施行）；

（4）《中华人民共和国水污染防治法》（2018年1月1日起修正版施行）；

（5）《中华人民共和国大气污染防治法》（2016年1月1日起施行，2018年10月26日起修正版施行）；

（6）《中华人民共和国固体废物污染环境防治法》（2005年4月1日起施行，2020年9月1日起修订版施行）；

（7）《中华人民共和国土壤污染防治法》（2019年1月1日起施行）；

（8）《中华人民共和国文物保护法》（2017年11月4日起修改版施行）；

（9）《中华人民共和国电力法》（1996年4月1日起施行，2018年12月29日起修改版施行）；

（10）《中华人民共和国土地管理法》（2020年1月1日起修改版施行）；

（11）《中华人民共和国森林法》（1985年1月1日起施行，2020年7月1日起修订版施行）；

（12）《中华人民共和国城乡规划法》（2008年1月1日起施行，2019年4月23日起修正版施行）；

（13）《中华人民共和国野生动物保护法》（2017年1月1日起施行，2018年10月26日起修改版施行）；

（14）《中华人民共和国草原法》（1985年10月1日起施行，2013年6月29日起修正版施行）；

（15）《中华人民共和国海洋环境保护法》（2000年4月1日起施行，2017年11月5日起修改版施行）；

（16）《中华人民共和国湿地保护法》（2022年6月1日起施行）；

（17）《中华人民共和国长江保护法》（2021年3月1日起施行）；

（18）《中华人民共和国水土保持法》（1991年6月29日第七届全国人民代表大会常务委员会第二十次会议通过，2010年12月25日第十一届全国人民代表大会常务委员会第十八次会议修订，自2011年3月1日起施行）；

（19）《中华人民共和国水法》（中华人民共和国主席令第74号，2002年10月1日起施行，根据2016年7月2日第十二届全国人民代表大会常务委员会第二十一次会议通过《关于修改〈中华人民共和国节约能源法〉等六部法律的决定》第二次修正）。

A.1.2 法规依据

（1）《建设项目环境保护管理条例》（国务院第682号令2017年10月1日起修订施行）；

（2）《中华人民共和国自然保护区条例》（国务院令第687号发布，2017年10月7日起修改版施行）；

（3）《中华人民共和国野生植物保护条例》（国务院令第687号发布，2017年10月7日起修改版施行）；

（4）《中华人民共和国陆生野生动物保护实施条例》（2016年2月6日第二次修订施行）；

（5）《中华人民共和国河道管理条例》（国务院令第687号发布，2018年3月19日起修改版施行）；

（6）《中华人民共和国文物保护法实施条例》（国务院令第 666 号，2017 年 10 月 7 日起修改版施行）；

（7）《规划环境影响评价条例》（国务院令 559 号，2009 年 10 月 1 日起实施）；

（8）《中华人民共和国水土保持法实施条例》（1993 年 8 月 1 日中华人民共和国国务院令第 120 号发布，根据 2011 年 1 月 8 日中华人民共和国国务院令第 588 号修订）。

A.1.3　技术规范依据

（1）《建设项目环境影响评价技术导则总纲》（HJ 2.1—2016），2017 年 1 月 1 日起实施；

（2）《规划环境影响评价技术导则总纲》（HJ 130—2019），2020 年 3 月 1 日起实施；

（3）《环境影响评价技术导则输变电工程》（HJ 24—2020），2021 年 3 月 1 日起实施；

（4）《环境影响评价技术导则声环境》（HJ 2.4—2021），2022 年 7 月 1 日起实施；

（5）《环境影响评价技术导则生态影响》（HJ 19—2022），2022 年 7 月 1 日起实施；

（6）《环境影响评价技术导则大气环境》（HJ 2.2—2018），2018 年 12 月 1 日起实施；

（7）《环境影响评价技术导则地表水环境》（HJ 2.3—2018），2019 年 3 月 1 日起实施；

（8）《固体废物处理处置工程技术导则》HJ 2035—2013；

（9）《输变电建设项目环境保护技术要求》HJ 1113—2020；

（10）《废铅酸蓄电池处理污染控制技术规范》HJ 519—2020；

（11）《直流输电工程合成电场限值及其监测方法》GB 39220—2020；

（12）《水土保持工程设计规范》GB 51018—2014；

（13）《开发建设项目水土保持设施验收技术规程》GB/T 22490—2016；

（14）《声环境功能区划分技术规范》GB/T 15190—2014；

（15）《混凝土结构设计规范》GB 50010—2010；

（16）《±800kV 特高压直流线路电磁环境参数限值》（DL/T 1088—2008），2008 年 11 月 1 日起实施；

（17）《建设项目危险废物环境影响评价指南》（环保部公告 2017 年第 43 号）；

（18）《地表水和污水监测技术规范》（HJ/T 91—2002），2003 年 1 月 1 日起实施；

（19）《水质采样技术指导》（HJ 494—2009），2009 年 11 月 1 日起实施；

（20）《水质样品的保存和管理技术规定》（HJ 493—2009），2009 年 11 月 1 日起实施；

（21）《大气污染物无组织排放监测技术导则》（HJ/T 55—2000），2001 年 3 月 1 日起实施；

（22）《环境空气质量手工监测技术规范》（HJ 194—2017），2018 年 4 月 1 日起实施；

（23）《环境噪声监测技术规范噪声测量值修正》（HJ 706—2014），2015 年 1 月 1 日起实施；

（24）《建设项目环境保护影响评价分类管理名录》（2021 年版）（2021 年 1 月 1 日起施行）；

（25）《建设项目竣工环境保护验收暂行办法》（国环规环评〔2017〕4 号，2017 年 11 月 20 日发布实施）；

（26）《环境监测管理办法》（原国家环境保护总局令第 39 号，2007 年 9 月 1 日起施行）；

（27）《关于划定并严守生态保护红线的若干意见》（国务院办公厅 2017 年 2 月 7 日）；

（28）《关于进一步加强环境保护信息公开工作的通知》（环办〔2012〕134号）；

（29）《国家危险废物名录》（生态环境部、国家发改委、公安部、交通运输部、国家卫健委联合发布，2021年1月1日起施行）；

（30）《建设项目环境保护事中事后监督管理办法（试行）》（环发〔2015〕163号）；

（31）《国家级湿地公园管理办法》（国家林业局林湿发〔2017〕150号，2018年1月1日施行）；

（32）《森林公园管理办法》（国家林业局令第3号，2016年9月22日国家林业局令第42号修改）。

A.2　电网建设项目环境保护管理相关规章、制度、文件

（1）《国家电网公司环境保护监督规定》（国家电网企管〔2014〕455号）；

（2）《国家电网公司技术监督管理规定》（国家电网企管〔2017〕401号）；

（3）《国家电网有限公司电网建设项目竣工环境保护验收管理办法》（国家电网企管〔2019〕429号）；

（4）《国网科技部关于印发〈重点输变电工程设计阶段环境保护技术监督工作方案（试行）〉的通知》（科环〔2016〕71号）；

（5）《国家电网公司关于进一步规范电网建设项目环境保护和水土保持管理的通知》（国家电网科〔2017〕866号）；

（6）《国家电网有限公司环境保护工作考评办法》（国家电网企管〔2020〕334号）；

（7）《电网环境保护责任清单（通用）》（国家电网科〔2020〕224号）；

（8）《电网建设项目环境保护和水土保持事中事后监督检查迎检工作规范》（科环〔2020〕26号）；

（9）《国家电网有限公司关于进一步加强电网建设运行环境保护和水土保持过程管控的意见》（国家电网办〔2021〕407号）；

（10）《国家电网公司环境保护技术监督规定》（国家电网企管〔2014〕1465）；

（11）《国家电网有限公司突发环境事件应急预案（第3次修订—2021年）》（SGCC-ZN-06）；

（12）《国家电网有限公司电网建设项目环境影响评价管理办法》〔国网（科3）644-2020（F）〕；

（13）《国家电网有限公司电网建设项目水土保持管理办法》（国家电网科〔2019〕550号）；

（14）《国家电网有限公司电网建设项目水土保持设施验收管理办法》（国家电网科〔2019〕550号）；

（15）《国家电网有限公司电网废弃物环境无害化处置监督管理办法》（国家电网企管〔2019〕557号）；

（16）《国家电网公司电网建设项目水土保持设施验收工作指导意见》（科环〔2009〕34号）；

（17）《变电站（换流站）噪声防治技术指导意见》（科环〔2013〕85号）；

（18）《国家电网公司电网废弃物环境无害化处置及资源化利用指导意见》（科环〔2016〕132号）；

（19）《关于印发〈国家电网公司电网建设项目环境监理工作指导意见〉的通知》（科环〔2011〕93号）；

（20）《重点输变电工程环境保护和水土保持专项检查工作大纲》（科环〔2015〕32号）；

（21）《重点输变电工程设计阶段环境保护技术监督工作方案（试行）》（科环〔2016〕71号）；

（22）《变电站（换流站）噪声超标治理专项行动工作方案》（国家电网科〔2017〕626号）；

（23）《重点输变电工程竣工环境保护、水土保持设施验收工作大纲（试行）》（国家电网科〔2018〕536号）；

（24）《国网科技部、基建部关于加强跨省非特高压交流电网建设项目环境保护、水土保持重大变动（变更）及验收准备管控工作的通知》（科环〔2020〕27号）；

（25）《国网科技部关于印发电网建设项目环境保护和水土保持事中事后监督检查迎检工作规范（试行）的通知》（科环〔2020〕26号）。

附 录 B 相 关 标 准

B.1 国家标准

（1）《声环境质量标准》GB 3096—2008；

（2）《地表水环境质量标准》GB 3838—2002；

（3）《环境空气质量标准》GB 3095—2012；

（4）《电磁环境控制限值》GB 8702—2014；

（5）《工业企业厂界环境噪声排放标准》GB 12348—2008；

（6）《污水综合排放标准》GB 8978—1996；

（7）《建筑施工场界环境噪声排放标准》GB 12523—2011；

（8）《污水排入城镇下水道水质标准》GB/T 31962—2015；

（9）《大气污染物综合排放标准》GB 16297—1996；

（10）《含多氯联苯废物污染控制标准》GB 13015—2017；

（11）《危险废物贮存污染控制标准》GB 18597—2001；

（12）《一般工业固体废物贮存和填埋污染控制标准》GB 18599—2020；

（13）《直流输电工程合成电场限值及其监测方法》GB 39220—2020；

（14）《水土保持工程设计规范》GB 51018—2014；

（15）《生产建设项目水土保持技术标准》GB 50433—2018；

（16）《生产建设项目水土流失防治标准》GB/T 50434—2018；

（17）《生产建设项目水土保持监测与评价标准》GB/T 51240—2018；

（18）《水土保持工程调查与勘测标准》GB/T 51297—2018；

（19）《开发建设项目水土保持设施验收技术规程》GB/T 22490—2016；

（20）《声环境功能区划分技术规范》GB/T 15190—2014；

（21）《混凝土结构设计规范》GB 50010—2010；

（22）《防洪标准》GB 50201—2014。

B.2 行业标准

（1）《交流输变电工程电磁环境监测方法（试行）》HJ 681—2013；

（2）《建设项目竣工环境保护验收技术规范 输变电》HJ 705—2020；

（3）《环境噪声监测技术规范 噪声测量值修正》HJ 706—2014；

（4）《环境噪声监测技术规范 结构传播固定设备室内噪声》HJ 707—2014；

（5）《建设项目环境风险评价技术导则》HJ 169—2018；

（6）《输变电工程电磁环境监测技术规范》DL/T 334—2021；

（7）《高压架空输电线路可听噪声测量方法》DL/T 501—2017；

（8）《电力环境保护技术监督导则》DL/T 1050—2016；

（9）《直流输电线路合换流站的合成场强与离子流密度的测量方法》GB/T 37543—2019；

（10）《高压交流变电站可听噪声测量方法》DL/T 1327—2014；

（11）《特高压输变电工程水土保持方案内容深度规定》DL/T 5530—2017；

（12）《水土保持工程质量评定规程》SL 336—2006；

（13）《输变电项目水土保持技术规范》SL 640—2013；

（14）《水土保持工程施工监理规范》SL 523—2011；

（15）《水利水电工程沉沙池设计规范》SL 269—2019；

（16）《餐饮废水隔油器》CJ/T 295—2015；

（17）《钢结构工程施工质量验收标准》GB 50205—2020；

（18）《电力建设施工技术规范 第1部分：土建结构工程》DL 5190.1—2012；

（19）《电力建设施工质量验收规程》DL/T 5210—2021（所有部分）。

B.3 企业标准

（1）《220kV～750kV 变电站噪声控制设计技术导则》Q/GDW 11125—2013；

（2）《生态脆弱区输变电工程环境保护设计导则》Q/GDW 11972—2019；

（3）《生态脆弱区输变电工程施工环境保护导则》Q/GDW 11973—2019；

（4）《输变电工程水土保持监理规范》Q/GDW 11970—2019；

（5）《110kV～750kV 变电站环境保护技术规范》Q/GDW 11974—2019；

（6）《输变电工程环境监理规范》Q/GDW 11444—2015；

（7）《架空输电线路水土保持设施质量检验及评定规程》Q/GDW 11971—2019；

（8）《输变电工程初步设计内容深度规定》Q/GDW 10166—2017；

（9）《国家电网有限公司输变电工程施工图设计内容深度规定》Q/GDW 10381—2017；

（10）《变电（换流）站土建工程施工质量验收规范》Q/GDW 1183；

（11）《输变电工程建设安全文明施工规程》Q/GDW 10250—2021；

（12）《输变电工程生态防空技术导则》Q/GDW 12202—2022。

参 考 文 献

[1] 刘泽洪. 电网工程建设管理 [M]. 北京：中国电力出版社，2020.

[2] 国家电网公司. 中国三峡输变电工程 工程建设与环境保护卷 [M]. 北京：中国电力出版社，2008.

[3] 中国电机工程学会. 中国电机工程学会专题技术报告 2020 [M]. 北京：中国电力出版社，2020.

[4] 宋继明，张智，杨怀伟，等. 特高压工程"一型四化"生态环境保护管理 [M]. 北京：中国电力出版社，2021.

[5] 丁广鑫. 交流输变电工程环境保护和水土保持工作手册 [M]. 北京：中国电力出版社，2009.

[6] 国家电网有限公司科技部，国家电网有限公司交流建设分公司. 输变电工程环境保护和水土保持现场管理与施工手册 [M]. 北京：中国电力出版社，2019.

[7] 孙昕，陈维江，陆家榆，等，交流输变电工程环境影响与评价 [M]. 北京：科学出版社，2015.

[8] 国家电网公司基建部. 国家电网公司输变电工程标准工艺 [M]. 北京：中国电力出版社，2017.

[9] 余尤好，陈宝志. 大型电力变压器的噪声分析与控制[J]. 变压器，2007，44（6）：23－27.

[10] 赵方莹. 水土保持植物 [M]. 北京：中国林业出版社，2007.

[11] 中国水土保持学会水土保持规划设计专业委员会 水利部水利水电规划设计总院. 水土保持设计手册：生产建设项目卷 [M]. 北京：中国水利水电出版社，2018.

[12] 中国水土保持学会水土保持规划设计专业委员会. 生产建设项目水土保持设计指南 [M]. 北京：中国水利水电出版社，2011.

[13] 国家电网有限公司交流建设分公司. 特高压变电工程安全文明施工标准化手册[M]. 北京：中国电力出版社，2020.

[14] 宋洪磊，张亚鹏，张智，等.藏中联网工程建设与生态环境的耦合协调机制研究 [J].电网技术，2019，43（增刊）：6-9.

[15] 郑树海，黄静.特高压直流输变电工程水土保持管理经验 [J].中国水土保持，2019（2）：3.

[16] 李文毅.特高压直流输电线路典型施工工艺标准化手册 [M].北京：中国电力出版社，2011.

[17] 国家电网公司直流建设分公司.特高压直流输电工程水保标准化管理手册 [M].北京：中国电力出版社，2018.

[18] 国家电网公司直流建设分公司.特高压直流输电工程环保标准化管理手册 [M].北京：中国电力出版社，2018.